现代医院建设系列丛书

U0962371

医院医用气体工程建设与运维指南

主　编　何哈娜　杨　森　李竹琳

同济大学出版社
TONGJI UNIVERSITY PRESS
·上海·

图书在版编目(CIP)数据

医院医用气体工程建设与运维指南 / 何哈娜，杨森，李竹琳主编. --上海：同济大学出版社，2025.7.
ISBN 978-7-5765-1763-7

Ⅰ. TU246.1-62

中国国家版本馆 CIP 数据核字第 20255SR652 号

医院医用气体工程建设与运维指南

何哈娜　杨　森　李竹琳　**主编**

责任编辑　朱涧超
助理编辑　徐艺峰
责任校对　徐逢乔
封面设计　陈益平

出版发行　同济大学出版社　　www.tongjipress.com.cn
（地址：上海市四平路 1239 号　邮编：200092　电话：021-65985622）
经　　销　全国各地新华书店
排　　版　南京文脉图文设计制作有限公司
印　　刷　上海叶大印务发展有限公司
开　　本　787mm×1092mm　1/16
印　　张　15
字　　数　265 000
版　　次　2025 年 7 月第 1 版
印　　次　2025 年 7 月第 1 次印刷
书　　号　ISBN 978-7-5765-1763-7
定　　价　128.00 元

现代医院建设系列丛书编委会

本书编委会

主　　编　何哈娜　杨　森　李竹琳

主　　审　刘　毅　刘应书　杨燕军

副 主 编　王进军　陈　虹　周恒瑾　马琪伟

编　　委　（按姓氏笔画排序）

马中文　马琪伟　王红朝　王进军　冯执野　冯庆革

邢云梁　全穗海　刘光荣　孙　源　杜　芹　杨　森

李　坚　李　磊　李　澍　李竹琳　吴　耿　何哈娜

邹云峰　张全刚　张晓峰　张恩光　陈　虹　周恒瑾

赵　旭　胡道涛　侯占伟　钱　凯　徐　梅　凌建军

薛　萍

总 序

深圳从一个边陲小镇到成为具有全球影响力的国际化大都市，40 年来，伴随着城市的高速发展，常驻人口近 2 000 万人，迫切需要医疗卫生事业配套发展，以满足人民日益增长的高质量的医疗服务需求。自“十二五”社会发展计划以来，深圳市不断努力补短板，大力改善医疗服务质量。“十四五”以来，建成重点医疗卫生项目 14 项，完成投资约 70 亿元；在建重点医疗卫生项目 20 余项，床位数约 2.4 万床，投资约 500 亿元；拟建（未开工）重点医疗卫生项目 20 余项，床位数约 1.1 万床，投资约 200 亿元；研究型医院规划布局约 1.6 万床，投资约 200 亿元。其中包括引入中国医学科学院阜外、肿瘤等专科医院成为国家区域医疗中心。

又好又快地建设高品质的医院，是深圳市区两级工务部门面临的巨大挑战。为此，深圳市建筑工务署总结多年来医院建设的经验，以设计为引领，编写了“现代医院建设系列丛书”（1—4 册），包括《医院设计要求研究》《医院建设与运营需求改善管理研究》《医院改扩建交通组织研究》和《医院医用气体工程建设与运维指南》。

医院工程设计是医疗机构建设的重要组成部分，它不仅关系医护人员和患者的工作与生活质量，还直接影响医院的服务质量和竞争力。本丛书旨在分析探讨现代化、智慧型、创新型医院工程设计的特点和要求，提出针对性的设计方案和建议。在丛书编写过程中，采用了多种研究方法和工具，包括文献综述、实地调研、案例分析等，对医院工程设计的各个方面进行了较全面深入的探讨。

本丛书不仅能够为医院工程设计的规划和实施提供参考，还有助于提高医院工程设计的水平，为医护人员和患者提供更加舒适、安全和高效的工作与生活环境。

由衷地感谢参与本丛书编写的同事、专家、参建单位的专业人员，以及支持和关注我们工作的读者和社会各界。深信通过共同的努力和合作，一定能够不断提升医院建设水平，为医疗服务事业做出更大的贡献。

序 言

党的“十九大”明确新时代我国社会主要矛盾是人民日益增长的美好生活需要和不平衡不充分的发展之间的矛盾，此后“十四五”时期经济社会发展指导思想和必须遵循的原则，强调坚持以人民为中心，以满足人民日益增长的美好生活需要为根本目的。我国卫生健康事业始终面临着多种传染病威胁并存、多种健康影响因素交织的复杂挑战，突发公共卫生事件和传统重大传染病风险长期并存，如何以有限的医疗卫生资源满足人民群众的健康需求，已成为亟待解决的问题。同时，随着国民收入的逐步提高，人民群众对高品质健康服务的需求大幅增长，应着力构建优质、高效、协同、整合的新型卫生健康服务体系，让广大人民群众享有公平可及、系统连续的预防、治疗、康复等健康服务。

医用气体系统是医院专项医疗设施之一，是医院里的生命支持系统，是以氧为药的救治系统。高质量医用气体系统，是高品质医疗机构的基础配置。医用气体供气的安全有效直接关系患者和医务工作者的安全。

建设医用气体系统，前期规划与设计、设备配置与管道施工、测试验收、系统认证、运行管理与维护，每一项工作都包含多学科、多专业技术融合。近几年，住房和城乡建设部、国家卫生健康委员会、工业与信息化部、国家药监局等相关部门出台了多项国家、行业和团体规范及标准，内容涵盖医用气体建设、施工、产品的标准，系统检测及运行维护管理等方面要求。

本书是对《医用气体工程技术规范》GB50751 的补充和完善，相信本书的出版能为医院管理者、医疗气体系统集成商、医用气体设备生产人员、医疗机构系统运维管理人员、医院卫生技术人员等，准确理解执行国家标准和正确使用医用气体系统提供有益的指导和帮助。

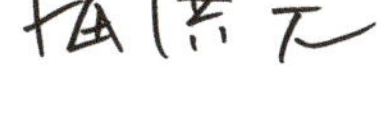

前 言

医用气体管道供应系统是医院基础建设的重要组成部分，是医院救治患者的生命支持系统。医用气体管道供应系统的建设水平直接影响医疗救治的成败，医用气体管道供应系统的安全可靠和有效至关重要。建设一套好的医用气体管道供应系统一定要符合以下四项原则：①一致性；②充足性；③连续性；④供气质量符合医用气体标准和药典要求。

本书根据《医用气体工程技术规范》GB 50751 要求，结合编写组多年在医用气体管道系统设计、工程施工、设备制造、工程竣工验收和临床应用，以及维护保养中积累的经验和发现的问题编写而成，目的是在新建和改建医院项目中能够更准确地理解《医用气体工程技术规范》GB 50751 的要求并且在实践中正确运用。

本书由何哈娜、杨森、李竹琳担任主编，由王进军、陈虹、周恒瑾、马琪伟担任副主编，全书共分为 5 篇。第 1 篇由王进军、杨森、李竹琳撰写；第 2 篇由马琪伟、张恩光、何哈娜、冯执野、张晓峰、薛萍撰写；第 3 篇由冯庆革、张全刚、杜芹、周恒瑾、赵旭、邹云峰撰写；第 4 篇由何哈娜、刘光荣、李坚、凌建军撰写；第 5 篇由李澍、马中文、吴耿、侯占伟、胡道涛、孙源、全穗海、李磊、陈虹、徐梅、钱凯撰写；本书由刘毅、刘应书、杨燕军主审。

本书是我国第一部涵盖了从医用气体管道供应系统设计、设备选型、施工、验收及第三方专业机构认证到医院安全管理全过程的技术操作指南。希望本书能为广大从事医用气体管道供应系统工作的从业者提供一些有益的指导和帮助。由于编者水平及时间所限，本书难免不当之处，恳请广大读者批评指正。

本书编写组

2025 年 1 月

目 录

第 1 篇

医用气体工程设计

第 1 章　基础设计资料

1.1　气体品质、执行标准

1.1.1　医用氧气

医用氧气中氧气不得少于 99.5%（mL/mL）。其气体品质、性状、鉴别均按《中华人民共和国药典》要求执行。

1.1.2　富氧空气（93%氧）

按《用于医用气体管道系统的氧气浓缩器供气系统》YY 1468 要求制备的富氧空气，含氧量应为 90.0%～96.0%（mL/mL），剩余的组分主要是氩气和氮气。其气体品质、性状、鉴别均按《富氧空气（93%氧）》WS_1-XG-008 要求执行。

1.1.3　医用空气

主要成分是一定比例的氧和氮，并限定了污染物的浓度。常用的医用空气品质要求应符合表 1.1.3 的要求。其气体品质按《医用气体工程技术规范》GB 50751 要求执行。

表 1.1.3　医用空气品质要求

气体种类	油 (mg/Nm^3)	水 (mg/Nm^3)	CO (10^{-6}V/V)	CO_2 (10^{-6}V/V)	NO 和 NO_2 (10^{-6}V/V)	SO_2 (10^{-6}V/V)	颗粒物 (GB 13277.1)	气味
医疗空气	≤0.1	≤575	≤5	≤500	≤2	≤1	2 级	无
器械空气	≤0.1	≤50	—	—	—	—	2 级	无
牙科空气	≤0.1	≤780	≤5	≤500	≤2	≤1	3 级	无

1.1.4　医用氮气

医用氮气中 N_2 不得少于 99.99%（mL/mL）。其气体品质按《纯氮、高纯氮和超纯氮》GB/T 8979 中纯氮的品质要求执行。

1.1.5 医用氧化亚氮

医用氧化亚氮中氧化亚氮不得少于 95.0%(mL/mL)。其气体品质、性状、鉴别均按《中华人民共和国药典》要求执行。

1.1.6 医用二氧化碳

医用二氧化碳中二氧化碳不得少于 99.5%(mL/mL)。其气体品质、性状、鉴别均按《中华人民共和国药典》要求执行。

1.1.7 其他气体

各混合气体组分的品质均按《中华人民共和国药典》要求执行。

1.2 气体终端参数要求

1.2.1 医用气体终端组件处的压力及流量参数应符合《医用气体工程技术规范》GB 50751 的规定，详见表 1.2.1。

表 1.2.1 医用气体终端组件处的参数

医用气体种类	使用场所	额定压力(kPa)	典型使用流量(L/min)	设计流量(L/min)
医用氧气	手术室和用氧化亚氮进行麻醉的用气点	400	6～10	100
	其他病房用气点	400	6	10
医用真空	手术室	40(真空压力)	15～80	80
	门诊手术室、病房用气点	40(真空压力)	15～40	40
医疗空气	手术室	400	20	40
	重症病房，新生儿、高护病房	400	60	80
	其他病房用气点	400	10	20
器械空气/氮气	骨科和神经外科手术室	800	350	350
氧化亚氮	手术、产科、其他病房	400	6～10	15
氧化亚氮/氧气混合气	待产、分娩、恢复、产后用气点	400(350)	10～20	275
	其他病房用气点	400(350)	6～15	20
二氧化碳	手术室、造影室、腹腔检查用气点	400	6	20

（续表）

医用气体种类	使用场所	额定压力（kPa）	典型使用流量（L/min）	设计流量（L/min）
麻醉或呼吸废气	手术室、麻醉室、重症监护室（ICU）	15（真空压力）	50～80	50～80

注：1. 350 kPa、400 kPa、800 kPa 气体压力允许最大偏差分别为 350^{+50}_{-40} kPa、400^{+100}_{-80} kPa、800^{+200}_{-160} kPa。

2. 在医用气体使用处与医用氧气混合形成医用混合气体时，配比的医用气体压力应低于该处医用氧气压力 50～80 kPa，相应的额定压力也应减小为 350 kPa。

1.2.2　牙科气体在牙椅处的参数应符合表 1.2.2 的要求。

表 1.2.2　在牙椅处的牙科气体参数

医用气体种类	额定压力（kPa）	设计流量（L/min）
牙科空气	550	50
牙科真空	15（真空压力）	300
氧化亚氮/氧气混合气	350～400	20
医用氧气	400	10

1.2.3　终端组件的配置数量、布置方式以及具体流量、压力需求，应结合临床和医疗工艺需求确定。

第 2 章　设计流程

2.1　用户需求调研

2.1.1　以用户需求为导向，充分理解项目的规划和建筑设计方案，现场踏勘熟悉场地情况，可分阶段向建设单位（使用单位）发出调研提纲和需求调查表。

2.1.2　了解项目的投资控制要求、建设标准、项目定位、建筑规模、医疗功能、特色科室以及用户未来发展的趋势。

2.1.3　了解医疗机构内各功能单元的临床要求和医疗工艺，与医疗专业人员共同确定医用气体种类、气体品质、终端数量及参数（流量、压力等）、平均日用时间、同时使用率等工艺要求。

2.1.4　了解医疗机构对医用气体系统在报警监控、气源设备类型、气源周转周期、气源备用率、管道材质等方面的建设和管理要求。

2.1.5　改扩建项目须对既有医用气体系统做详尽的运维情况调查，核实可借鉴的参考数据，落实新建系统与改建系统的关系，确认设计范围和工作界面。

2.1.6　了解项目所在地的相关地方建设规范、卫生管理部门对医用气体系统的监管要求、医疗机构自身的运维管理要求。

2.2　气源调研

2.2.1　通过医疗机构或医用液氧供应商，了解当地液氧价格、供应周期、运输情况等。

2.2.2　通过医疗机构或医用气体钢瓶供应商，了解各类瓶装医用气体价格、供应周期、运输情况等。

2.2.3　了解项目所在地卫生管理部门对医用气体气源的监管要求。

2.2.4　了解项目所在地消防审查部门对医用气体机房的审查要求。

2.2.5　了解医疗机构对医用气体机房的运维管理要求。

2.3　设备市场调研

2.3.1　通过医疗机构了解当地政府招采平台供应商或品牌库。

2.3.2　通过医疗机构了解当地类似项目采用的主流医用气体设备等。

2.3.3　通过医用气体设备制造商或代理商，重点了解各类医用气体设备的技术规格参数、主要工作原理、主要辅助配套条件、控制系统的功能、主辅机设备选型要点；关注设备的安全性能、适用条件、地理和环境条件适应能力，设备运行效率、配套辅机特性，设备价格、采购周期、维保成本、维保周期。

2.3.4　通过产品发布会、行业技术交流、专业期刊等收集医用气体设备有关行业资料，了解医用气体设备行业发展情况和发展趋势。

2.4　系统前期规划

2.4.1　医用气体系统的前期规划宜与医疗机构的总体规划和建筑方案设计同步进行。

2.4.2　规划前，应对医疗机构总体需求进行初步调研，落实气体需求的种类和气体终端的设置原则。

2.4.3　估算各类医用气体流量，提供主要气源设备的比选报告。

2.4.4　结合建筑总体布局和功能单元分布情况，对气源机房进行规划，落实主要机房位置和面积。

2.4.5　结合建筑总体布局和功能单元分布情况，对室外总体管线和室内干管主要路由进行规划。

2.4.6　对医用气体系统的投资估算提出参考性意见和建议，并提交估算所需的技术文件。

2.4.7　医用气体系统的规划应听取医疗机构内各相关方的意见和建议，规划方案应得到建设单位(使用单位)的确认。

2.5 初步设计

2.5.1 在前期规划的基础上，根据建筑设计图及医院基本确定的一、二级医疗工艺流程，进一步核实气体需求的种类和气体终端的设置原则。

2.5.2 初步确定医用气体系统的计算流量，确定各气源设备的容量和台数。

2.5.3 根据建筑总平面及各单体平面，向建筑专业提交各气源设备机房及医用气体管道专用管井的位置、面积需求。

2.5.4 根据医用气体系统设备配置情况，向机电专业提交用电负荷和等级、空调及通风要求。

2.5.5 按照约定的初步设计文件编制深度，提交技术文件，包括设计说明、终端配置表、主要设备及材料清单、总平面图、医用气体系统工艺流程图、监测报警系统网络结构图、机房设备布置图、医用气体楼层主干线图等。

2.5.6 对医用气体系统的投资概算提出参考性意见和建议，并提交概算所需的技术文件。

2.5.7 医用气体系统的初步设计应听取评审专家、监管审批机构、医疗机构内各相关方的意见和建议，技术成果应得到建设单位(使用单位)的确认。

2.6 施工图设计

2.6.1 在初步设计文件的基础上，根据建筑平面和室内设计方案设置各医疗功能单元内的医用气体终端。

2.6.2 在生命支持区域的每间手术室、麻醉诱导和复苏室，每个重症监护区域，各医疗功能分区及护理单元，设置区域阀门及报警传感器。

2.6.3 根据建筑平面，结合终端和区域阀门布置情况布置各医用气体管道。

2.6.4 根据各医疗功能单元的医疗工艺要求和治疗预期数量，合理设置计算参数，计算管道直径，对最不利终端的水力计算应满足系统允许压降的限制条件，落实各气源设备的最终技术参数。

2.6.5 深化机房详图设计，各气源机房须满足消防、环境保护、卫生防疫、劳动安全、施工安装、运行维护等要求。

2.6.6　根据各医用气体系统机房和管线布置情况，向土建专业提交各设备机房消防安全、运输通道、设备基础、设备荷载、隔声减振、抗震支架等要求；向机电专业提交各用电点位的负荷和等级、监控、通信、静电接地、防雷保护、机房空调及通风等要求。

2.6.7　按照约定的施工图设计文件编制深度，提交技术文件，包括设计施工说明、终端配置表、设备及材料清单、总平面图、医用气体系统原理图、监测报警系统图、机房详图、楼层管线平面图、管线透视图、各节点详图、设备选型计算、管道水力计算等。

2.6.8　对医用气体系统的投资预算和工程招标技术文件提出参考性意见和建议，并提交所需的技术文件。

2.6.9　医用气体系统的施工图设计应听取评审专家、监管审批机构、医疗机构内各相关方的意见和建议，技术成果应得到建设单位（使用单位）的确认。

第 3 章　技术文件编制深度

3.1　项目建议书阶段

3.1.1　项目建议书阶段仅提供方案设计说明，作为总体方案说明的一部分，对拟建项目的医用气体工程作初步的描述，包括建设目标、功能、服务范围。

3.1.2　提供医用气体工程部分的投资估算指标（配合造价专业）。

3.2　可行性研究阶段

3.2.1　可行性研究阶段仅提供方案设计说明，作为总体方案说明的一部分，描述拟建项目的医用气体工程的技术方案，包括主要气体种类、气源、系统设计基本原则、主要设备技术特征，资源节约、环境影响评价、劳动安全、卫生防疫、消防等相关内容的专项措施。

3.2.2　提供医用气体工程部分的投资估算指标（配合造价专业）。

3.3　方案报批阶段

3.3.1　一般要求

1　医用气体工程设计说明书是总体设计说明的必要组成部分，投资估算中须包含医用气体工程专项内容。

2　对于医用气体工程中涉及建筑节能、环境保护、劳动安全、卫生防疫、消防、绿色建筑等相关内容的专项措施，其设计说明应有相应的专门内容。

3　当医用氧气主气源为液氧时，须提供室外液氧站定位图；当方案报批文件需要提供总体管线综合图时，须提供室外医用气体管道平面图。

3.3.2 设计说明

1 设计依据

1）摘述设计任务书或设计招标文件内有关医用气体工程的主要内容。

2）设计所执行的主要法规和所采用的主要标准（包括标准的名称、编号、年号和版本号）。

2 简述设计范围

1）根据设计任务书和有关设计资料，说明本设计合同内承担的设计范围和分工（当有其他单位共同设计时）。

2）对今后发展的预留（当项目分期实施时）。

3）改建、扩建工程应说明对原有医用气体系统的改造、利用和预留情况。

3 系统设计方案

1）简述各类医用气体概况及供应范围、计算流量、压力要求。

2）简述各工艺系统形式、气源的主要设备配置。

3）简述各机房位置、性质。

4）气体管道的布置及敷设方式。

5）建筑节能、环境保护、劳动安全、卫生防疫、消防、绿色建筑等相关内容的专项措施。

3.3.3 设计图纸

1 室外液氧站定位图（当医用氧气主气源为液氧时提供）。

2 室外医用气体管道平面图（当需要提供总体管线综合图时提供）。

3.4 初步设计阶段

3.4.1 一般要求

1 医用气体工程初步设计应有设计说明、主要设备表、设计图纸、计算书。

2 对于医用气体工程中涉及建筑节能、环境保护、劳动安全、卫生防疫、消防、绿色建筑等相关内容的专项措施，其设计说明应有相应的专门内容。

3 需引用国外设计标准规范时，必须经当地建设行政主管部门组织评定，报省级或者国家建设行政主管部门批准。

3.4.2 设计说明

1 设计依据

1）摘述设计任务书或设计招标文件内有关医用气体工程的主要内容。

2）与医用气体工程有关的批准文件和建设单位针对方案成果提出的符合有关法规、标准的要求。

3）设计所执行的主要法规和所采用的主要标准（包括标准的名称、编号、年号和版本号）。

2 简述工程概况和主要技术经济指标，如工程建设地点、建筑面积、规模、床位数、手术室间数、重症监护床位数（ICU、CCU、NICU）、抢救室间数、产房间数、呼吸治疗室间数、牙科椅张数等。

3 设计范围

1）根据设计任务书和有关设计资料，说明本设计合同内承担的设计范围和设计分工界面（当有其他单位共同设计时）。

2）对今后发展的预留（当项目分期实施时）。

3）改建、扩建工程应说明对原有医用气体系统的改造、利用、预留、工程分割界面等情况。

4 各类医用气体的小时计算流量、典型日耗量统计。

5 医用气体的品质要求

按医用气体种类列出各气体的名称、各污染物的限定浓度，可参考表3.4.2-1的格式。

表3.4.2-1　医用气体品质要求

气体种类	油（mg/Nm^3）	水（mg/Nm^3）	CO（10^{-6}V/V）	CO_2（10^{-6}V/V）	NO和NO_2（10^{-6}V/V）	SO_2（10^{-6}V/V）	颗粒物（GB 13277.1）	气味

注：1. 各组分限定值参照药典及相关标准的规定。
2. 建设单位的要求不应低于国家相关标准的规定。

6 各类医疗用房的医用气体终端组件配置表

按各医疗用房用途列出各医用气体终端的名称及数量，可参考表3.4.2-2的格式。

表 3.4.2-2　医用气体终端组件配置表

部门	服务单元	医用氧气	医用真空	医疗空气	氧化亚氮/氧气混合气	氧化亚氮	麻醉或呼吸废气	氮气/器械空气	二氧化碳

注：1. 各服务单元的终端组件配置须满足医疗机构的医疗工艺。
2. 结合医疗机构自身情况，部分服务单元可适当考虑备用或突发情况的需要。

7　系统设计方案（按医用气体种类分别叙述）

1）各类医用气体的供给方式、参数、服务范围。

2）各气体的系统工艺、设备配置、运行要求、控制和报警要求。

3）各气源机房的位置、性质、设备配置、配套要求和措施。

4）终端组件的安全要求、安装方式。

5）各气体管道及附件的材质、连接方式、布置方式、敷设方式。

6）区域阀门箱的设置要求和原则。

7）简述医用气体控制系统的建设要求、控制方式，对本地报警、区域报警、远程报警的设置要求、原则、内容做叙述。

8）提请设计审批时需解决或确定的主要问题。

9）建筑节能、环境保护、劳动安全、卫生防疫、消防、绿色建筑等相关内容的专项措施。

3.4.3　主要设备表

1　列出主要设备的名称、性能参数、数量等，可参考表 3.4.3-1 的格式。

表 3.4.3-1　主要设备表

设备编号	名称	性能参数	单位	数量	安装位置	服务区域	备注

注：1. 性能参数栏应注明主要技术数据，并注明额定流量、额定压力、气体组分限定值、压缩机类型、冷却方式、额定功率、储罐容量及压力、瓶组容量及压力、机组噪声值等。
2. 备注栏需注明主要设备的特殊要求，如医疗器械的分类、自带控制柜、机组备用台数、安装条件等。

2　列出各类医用气体的终端组件参数表，可参考表 3.4.3-2 的格式。

表 3.4.3-2　医用气体终端组件参数表

气体种类	服务单元	额定压力（kPa）	典型使用流量（L/min）	设计流量（L/min）	数量	制式

注：如有抗菌、防辐射要求，须单独注明。

3.4.4　设计图纸

1　医用气体工程的初步设计图纸一般包括图纸目录、图例、各气体系统工艺流程图、监测报警系统网络结构图、总平面图、主要平面图、机房设备平面图。

2　各气体系统工艺流程图应标明符号、主要管径、介质流向、设备编号（应与设备表中编号一致）、系统服务区域名称、就地安装测量仪表位置等。

3　监测报警系统网络结构图应注明符号、系统服务区域名称、报警单元、传感单元、控制结构等。

4　总平面图应绘制室外露天气源设备、室外机房、室外管线走向平面，标注重要设备或机房区的尺寸、消防间距、露天设备顶标高、场地标高、主要管径、管道标高等。

5　主要平面图应绘制各气体干管的楼层走向平面、区域阀门箱点位、区域报警装置点位，应注明符号、主要管径、重要节点标高等。

6　典型房间的终端配置和接管平面图。

7　机房设备平面图应绘制机房（或露天站区）内主要设备布置平面，注明建筑轴线编号、尺寸、标高和房间名称，并注明设备定位尺寸及设备编号（应与设备表中编号一致）。

3.4.5　计算书

根据各服务单元的终端统计数量和流量计算参数，对各类医用气体的流量、日耗量、主要管道管径、主要设备选择做初步计算。

3.5　施工图设计阶段

3.5.1　一般要求

在施工图设计阶段，医用气体专业设计文件应包括图纸目录、设计与施工说明、图例、设备表、设计图纸、计算书。

3.5.2　图纸目录

先列新绘图纸，后列选用的标准图或重复利用图。

3.5.3　设计说明

1　设计依据

1）摘述设计任务书和其他依据性资料中有关医用气体工程的主要内容。

2）与医用气体工程有关的批准文件和建设单位针对初步设计成果提出的符合有关法规、标准的要求。

3）设计所执行的主要法规和所采用的主要标准（包括标准的名称、编号、年号和版本号）。

4）其他专业或其他专项设计单位提供的设计资料等。

2　简述工程概况和主要技术经济指标，如工程建设地点、建筑面积、规模、床位数、手术室间数、重症监护床位数（ICU、CCU、NICU）、抢救室间数、产房间数、呼吸治疗室间数、牙科椅张数等。

3　设计内容和范围

1）根据设计任务书和有关设计资料，说明本设计合同内承担的设计范围和设计分工界面（当有其他单位共同设计时）。

2）当施工图设计与初步设计（或方案设计）有较大变化时，应说明原因及调整内容。

3）对今后发展的预留（当项目分期实施时）。

4）改建、扩建工程应说明对原有医用气体系统的改造、利用、预留、工程分割界面等情况。

4　概述各医用气体系统的设计，列出各种气体用量、设计容量、运行介质参数、服务范围；说明各气源机房的位置、设备配置、运行要求；说明系统监测与控制要求、报警内容、报警方式；确定各系统自动监控原则，说明系统的使用操作要点、设备运行控制要求等；说明系统运行的特殊要求及维护管理需要特别注意的事项。

5　在节能设计条款中阐述设计采用的各项措施、技术指标，包括有关节能标准、规范中强制性条文和以“必须”“应”等规范用语规定的非强制性条文提出的要求。

6　在绿色建筑设计条款中阐述设计采用的各项措施、技术指标。

7　在环境保护设计条款中阐述设计采用的各项措施、技术指标，如废气、废水、废弃物处理措施，设备降噪减振措施，管道隔振减振做法等。

8　在消防及安全设计条款中阐述设计采用的各项措施、技术指标，应明确对助燃气体、助燃液体、有毒气体、窒息性气体机房或站区所采取的安全措施，如防火、防爆、防泄漏、防倾倒、泄压、消防、事故通风、电力保障等措施。当设计条款中涉及法规、技术标准提出的强制性条文的内容时，以“必须”“应”等规范用语表示其内容。

9　在抗震设计条款中阐述设计采用的各项措施、技术指标，应明确对医用气体管道和设备所采取的抗震措施。当设计条款中涉及法规、技术标准提出的强制性条文的内容时，以“必须”“应”等规范用语表示其内容。

10　对业主另行委托深化设计或受其他专项设计影响的内容，应提出设计要求。

11　与相关专业的技术接口要求。

3.5.4　施工说明

1　本工程采用的施工及验收依据（包括标准的名称、编号、年号和版本号）。

2　图中尺寸、标高的标注方法。

3　设备安装：设备安装应与土建施工配合，应将设备基础尺寸与到货设备的尺寸进行核对，看两者是否满足相应的匹配要求；设备安装时，应避免设备或材料集中在楼板上，以防楼板超载；利用梁柱起吊设备时，必须复核梁柱强度的要求；安装较大型设备时，需要预留安装通道的要求。

4　阀门、区域阀门箱的选用及安装要求。

5　区域报警装置的选用及安装要求。

6　管道安装：管道的管材及附件的选用、管道的连接方式、管道的安装坡度及坡向、管道弯头的选用、管道支吊架的选用、管道支吊架的间距、医用气体管道与其他管道间距、管道补偿器的选用、建筑物入口装置等要求，管道施工应与土建配合预留埋件、预留孔洞、预留套管等要求。

7　管道、管件、阀门的脱脂、清洗要求。

8　管道焊接方式、焊接要求，焊缝检测方法、焊缝质量标准。

9　系统压力试验、真空度试验、泄漏性试验要求。

10　管道的吹扫要求。

11　防止管道交叉错接的检验及标识检查要求。

12　管道、设备、支架的防静电保护和防雷保护要求。

13　管道、设备、支架的防腐、保护、涂色要求。

14　管道色标。

15　系统单机调试和联合调试的要求。

3.5.5　图例

3.5.6　主要设备表

1　列出主要设备的名称、性能参数、数量等，可参考表3.4.3-1的格式。施工图阶段性能参数栏应注明详细的技术数据。

2　列出各类医用气体的终端组件的名称、参数、数量等，可参考表3.4.3-2的格式。

3　管道特性表，列出管道的管径及壁厚、介质、设计压力、设计温度、工作压力、工作温度、管道标准号、管材等级、腐蚀裕量、试验介质及压力等。

4　管道材料等级表，列出管道、法兰、阀门、管件、垫片、紧固件的系列、型号、材料、压力等级、连接形式、标准号等。

3.5.7　总平面图

1　绘制建筑红线范围内的总图平面，包括建筑物、构筑物、道路、坎坡、水系等，并标注名称、定位尺寸或坐标；标注指北针；标注设计建筑物室内±0.00绝对标高和室外地面主要区域的绝对标高。

2　总平面管道布置图应绘制医用气体管路上的补偿器、固定支架、阀门、阀门井等；标注管道、设备、设施的定位尺寸或坐标，标注管段编号（或节点编号）、管道规格、管线长度及管道介质代号、坡度及坡向，标注补偿器类型、补偿器的补偿量、固定支架编号等。

3　当地沟敷设时，管道横断面图应表示出管道直径、保温层厚度（如有）、地沟断面尺寸、管中心间距、管外壁与沟壁沟底距离、支座尺寸及覆土深度等。

4　当架空敷设时，管道横断面图应表示出管道直径、保温层厚度（如有）、管中心间距、支座尺寸等。

5　当直埋敷设时，管道横断面图应表示出管道直径、保温层厚度（如有）、填砂沟槽尺寸、管中心间距、填砂层厚度及埋深等。

6　当采用标准图、通用图时，可不绘管道横断面图，但应注明标准图、通用图图册名称及索引的图名、图号。

7　地形较复杂的地区，应绘制管道纵断面展开图。

3.5.8　工艺流程图

1　各气体系统工艺流程图应标明符号、管径、介质流向、设备编号（应与设备表中编号一致)、系统服务区域名称;标明就地安装测量仪表位置、报警或控制信号设定值等;说明运行方式和控制要求。

2 监测报警系统网络结构图应注明符号、系统服务区域名称、报警单元、传感单元、控制结构等。

3.5.9 室内管道平面图

1 绘制建筑物平面图,标出轴线编号、尺寸、标高和房间名称;绘制终端点位、气体管道、区域阀门箱点位、区域报警装置点位以及各种附件,并注明管道符号、管径;若有补偿器、固定支架,应绘制其安装位置及定位尺寸。

2 受二次装修或其他专项设计影响的房间或区域,可按常规进行设计,不标注详细定位尺寸,并注明配合装修设计或按专项设计图施工。

3.5.10 室内管道透视图

1 当平面图不能表示清楚时,应绘制系统透视图,比例宜与平面图一致,按 45°或 30°轴测投影绘制;多层、高层建筑的医用气体系统,应绘制立管图并编号。

2 管道透视图中应包括各种附件、就地测量仪表,注明管径、坡度标高。立管上应标注伸缩器、固定支架、楼层的位置。

3.5.11 机房详图

1 机房详图应根据需要增大比例,注明建筑轴线编号、尺寸、标高和房间名称;绘出气源设备、罐体的轮廓位置及设备编号(应与设备表中编号一致);注明设备外形尺寸和基础距离墙或轴线的尺寸。

2 绘出连接设备的管道及走向,注明管道尺寸和定位尺寸、管径、标高,并绘制管道附件(各种仪表、阀门、过滤器等)。

3 当管道系统不太复杂时,管道布置图可与设备平面布置图绘在一起。

4 当平面图不能表达复杂管道相对关系及竖向位置时,应绘制剖面图。剖面图应绘出对应于机房平面图的设备、设备基础、管道和附件,注明设备和附件编号以及详图索引编号,标注竖向尺寸和标高;当平面图设备、管道等尺寸和定位尺寸标注不清时,应在剖面图上标注。

5 说明机房装修、消防、配电、不间断电源、空调通风、防雷接地、机房监控要求。

3.5.12 节点详图

1 当安装采用标准图或通用图时,可不绘管道安装节点详图,但应在图纸目录中列出标准图、通用图图册名称及索引的图名、图号；其他情况应绘制安装详图。

2　必要时，应绘制区域报警器、区域阀门箱、设备带、阀门井、医用气体管井、分支节点、管道及附件的节点详图。

3.5.13　计算书

1　当采用计算程序计算时，计算书应注明软件名称、版本及鉴定情况，打印出相应的简图、输入数据和计算结果。

2　以下计算内容应形成计算书：

1）按各医疗用房用途列出各医用气体终端的名称、数量，可参考表4.1.2-1。

2）按各医疗用房用途列出各医用气体的流量计算参数，可参考表4.2.1-1。

3）根据各服务单元的终端统计数量和流量计算参数，对各类医用气体的流量、日耗量进行计算。

4）根据流量和压力要求对设备进行选择计算，如空气压缩机、空气后处理装置、储罐、真空泵、汇流排、液氧罐、汽化器、制氧机、麻醉废气排放泵等。

5）根据流量要求和压降限制，对医用气体管道进行水力计算。

6）减压阀、安全阀选择计算。

7）液氧充装周期和汇流排换瓶周期计算。

8）压力管道或大口径管道的壁厚和应力计算（如有必要）。

第 4 章　终端设计

4.1　终端配置

4.1.1　关键原则

1　终端配置表是医用气体工程中最重要的设计和计算依据，设置要求应满足医疗机构内各功能单元的临床要求和医疗工艺要求，须由设计师、医院管理者和一线医疗人员共同确定，可适当考虑为未来功能转变、发展扩充和应急响应的需要做一定的预留。

2　各医用气体工程设计规范内终端组件的设置要求一般为医疗机构内的平均需求，医疗机构应结合自身规模、服务对象、服务内容等实际情况增补或删减。在项目前期，医疗机构未明确需求时，可参考规范进行方案设计和初步设计。

4.1.2　《医用气体工程技术规范》GB 50751 附录 A 对各科室医用气体终端组件的设置数量进行了规定，详见表 4.1.2-1 和表 4.1.2-2。

表 4.1.2-1　医用气体终端组件的设置要求

部门	使用单元	氧气	真空	医疗空气	氧化亚氮/氧气混合气	氧化亚氮	麻醉或呼吸废气	氮气/器械空气	二氧化碳	氦/氧混合气
手术部	内窥镜/膀胱镜	1	3	1	—	1	1	1	1a	—
	主手术室	2	3	2	—	2	1	1	1a	—
	副手术室	2	2	1	—	1	1	—	1a	—
	骨科/神经科手术室	2	4	1	—	1	1	2	1a	—
	麻醉室	1	1	1	—	1	1	—	—	—
	恢复室	2	2	1	—	—	—	—	—	—
	门诊手术室	2	2	1	—	—	—	—	—	—
妇产科	待产室	1	1	1	1	—	—	—	—	—
	分娩室	2	2	1	1	—	—	—	—	—

（续表）

部门	使用单元	氧气	真空	医疗空气	氧化亚氮/氧气混合气	氧化亚氮	麻醉或呼吸废气	氮气/器械空气	二氧化碳	氦/氧混合气
妇产科	产后恢复	1	2	1	1	—	—	—	—	—
	婴儿室	1	1	1	—	—	—	—	—	—
儿科	新生儿重症监护	2	2	2	—	—	—	—	—	—
	儿科重症监护	2	2	2	—	—	—	—	—	—
	育婴室	1	1	1	—	—	—	—	—	—
	儿科病房	1	1	—	—	—	—	—	—	—
诊断学	脑电图室、心电图室、肌电图室	1	1	—	—	—	—	—	—	—
	数字减影血管造影(DSA)室	2	2	2	—	1a	1a	—	—	—
	MRI 室	1	1	1	—	1	—	—	—	—
	CAT 室	1	1	1	—	1	—	—	—	—
	眼耳鼻喉科	—	1	1	—	—	—	—	—	—
	超声波室	1	1	—	—	—	—	—	—	—
	内窥镜检查室	1	1	1	—	1	—	—	—	—
	尿路造影室	1	1	—	—	1	—	—	—	—
	直线加速器间	1	1	1	—	1	—	—	—	—
病房及其他	病房	1	1a	1a	—	—	—	—	—	—
	精神病房	—	—	—	—	—	—	—	—	—
	烧伤病房	2	2	2	1a	1a	1a	—	—	—
	ICU	2	2	2	1a	—	1a	—	—	1a
	CCU	2	2	2	—	—	1a	—	—	—
	抢救室	2	2	2	—	—	—	—	—	—
	透析室	1	1	1	—	—	—	—	—	—
	外伤治疗室	1	2	1	—	—	—	—	—	—
	检查/治疗/处置	1	1	—	—	—	—	—	—	—
	石膏室	1	1	1a	—	—	—	1a	—	—
	动物研究间	1	2	1	—	1a	1a	1a	—	—
	尸体解剖间	1	1	—	—	—	—	1a	—	—

（续表）

部门	使用单元	氧气	真空	医疗空气	氧化亚氮/氧气混合气	氧化亚氮	麻醉或呼吸废气	氮气/器械空气	二氧化碳	氦/氧混合气
病房及其他	心导管检查室	2	2	2	—	—	—	—	—	—
	消毒室	1	1	×	—	—	—	—	—	—
	普通门诊间	1	1	—	—	—	—	—	—	—

注：本表为常规的最少设置方案。表中“a”表示可能需要的设置，“×”为禁止使用。

表 4.1.2-2　牙科椅、口腔外科室医用气体的设置要求

气体种类	牙科空气	牙科专用真空	医用氧气	氧化亚氮/氧气混合气
接口数量(只)	1	1	1(视需求)	1(视需求)

4.1.3　呼吸类病区(平急结合)医用气体终端组件的建议设置要求，详见表 4.1.3。

表 4.1.3　呼吸类病区(平急结合)医用气体的设置要求

气体种类	医用空气	医用真空	医用氧气
呼吸类普通病房	1	1	2
呼吸类重症、亚重症病房	2	2	2
呼吸类高危病房、呼吸类 ICU	2	3	3
呼吸类门诊输液	—	—	1
呼吸类门诊留观	1a	1a	1

注：本表为常规的最少设置方案。表中“a”表示可能需要的设置。

4.1.4　生殖中心医用气体终端组件的建议设置要求，详见表 4.1.4。

表 4.1.4　生殖中心医用气体终端组件的建议设置要求

单元	医用空气	医用氧气	氮气	液氮	二氧化碳	氧化亚氮	三元混合气
取卵室	1	1	—	—	—	1	—
胚胎培育	—	—	2	—	2	—	2
胚胎植入	2	2	—	—	—	2	—
胚胎冷冻	—	—	—	2	—	—	—

注：服务患者的住院、门诊、医技、手术等区域用气按常规设置。

4.1.5　医院实验室高纯气体终端组件的建议设置要求，详见表 4.1.5。

表 4.1.5　医院实验室高纯气体终端组件的建议设置要求

使用单元	压缩空气	氧气	氮气	氢气	氦气	氩气	氧化亚氮	乙炔	二氧化碳
气相色谱	1	1	—	1	1	—	—	—	—
液相色谱	1	—	1	—	—	—	—	—	—
电感耦合等离子	—	—	1	—	—	1	—	—	—
原子吸收	—	—	—	—	—	—	1	1	—
培养鉴定	—	1	1	—	—	—	—	—	1
光谱测定	1	—	1	—	—	—	—	—	—
常规理化	1	—	1	—	—	—	—	—	—
前处理	1	—	1	—	—	—	—	—	—
真菌检测	1	—	1	—	—	—	—	—	—

注：实际气体配置以实验仪器和实验工艺要求为准。

4.1.6　英国医用气体规范“Health Technical Memorandum 02-01：Medical gas pipeline systems PART A”对医疗机构内各功能单元的终端组件设置要求见其 3.1 节表 11 的规定。考虑其与《医用气体工程技术规范》GB 50751 规定的差异性，摘录部分供设计和医疗人员参考，参见表 4.1.6。

表 4.1.6　HTM 02-01：医用气体终端组件的设置要求(摘录)

部门	使用单元	氧气	真空	医疗空气	氧化亚氮/氧气混合气	氧化亚氮	麻醉或呼吸废气	氮气/器械空气	二氧化碳
手术部	骨科手术室	2	4	2	—	1	1	4	—
	神经科手术室	2	4	2	—	1	1	2	—
	普外手术室	2	2	2	—	1	1	2a	2a
	恢复室	2	2	2	—	—	—	—	—
急诊	抢救室	2	2	2	—	2	2	—	—
	石膏室	1	1	1	1a	1	1	1a	—
	治疗室	1	1	1	1a	1	1	1a	—
	恢复室	2	2	2	—	—	—	—	—
妇产科	家化产房/分娩室	2	3	1	1	—	—	—	—
	剖腹产室	2	4	2	—	1	1	—	—
	产后恢复	1	1	1	—	—	—	—	—
	新生儿室	2	2	2	—	—	—	—	—

（续表）

部门	使用单元	氧气	真空	医疗空气	氧化亚氮/氧气混合气	氧化亚氮	麻醉或呼吸废气	氮气/器械空气	二氧化碳
	麻醉室	1	1	1	—	1	1	—	—
	恢复室	1	1	1a	—	—	—	—	—
	MRI 室	1	1	1	—	1	1	—	—
诊断学	CAT 室	1	1	1	—	1	1	—	—
	血管造影室	1	1	1	—	1	1	—	—
	超声波室	1	1	1a	—	—	—	—	—
	内窥镜检查室	1	1	1	—	1	1	—	—
	尿路造影室	1	1	—	—	—	—	—	—
	直线加速器间	1	1	1	—	1	1	—	—
住院部	单人病房	1	1	1	—	—	—	—	—
	多人病房每床	1	1	1	—	—	—	—	—
	重症病房	2	2	2	—	—	—	—	—
	治疗室	1	1	1	—	—	—	—	—
重症监护	ICU	4	4	4	2a	2a	2a	—	—
	CCU	4	4	4	—	—	—	—	—
	烧伤病房	2	2	2	2a	2a	2a	—	—
其他	电休克治疗室	1	1	1	—	1	1	—	—
	日间住院病房	1	1	—	—	—	—	—	—

注：表中“a”表示视医疗团队需求设置。标准版本如有更新，以新标准为参考。

4.1.7 参考美国医疗设施规范“NFPA 99 Health Care Facilities Code”对医疗机构内各功能单元的终端组件设置要求，考虑其与《医用气体工程技术规范》GB 50751 规定的差异性，摘录部分供设计和医疗人员参考，参见表 4.1.7。

表 4.1.7 NFPA 99：医用气体终端组件的设置要求（摘录）

部门	使用单元	氧气	真空	医疗空气	氧化亚氮/氧气混合气	氧化亚氮	麻醉或呼吸废气	氮气/器械空气	二氧化碳
手术部	内窥镜/膀胱镜	2	3	—	—	1	1	1	1a
	心脏、神经、器官移植手术室	2	5	1	—	2	1	—	1a

（续表）

部门	使用单元	氧气	真空	医疗空气	氧化亚氮/氧气混合气	氧化亚氮	麻醉或呼吸废气	氮气/器械空气	二氧化碳
手术部	普通手术室	2	4	1	—	1	1	1	1a
	骨科手术室	2	4	1	—	1	1	2	1a
	麻醉室	1	1a	1	—	1	1	—	1a
	麻醉恢复室	2	3	1	—	—	—	—	—
妇产科	待产室	1	1	—	—	—	—	—	—
	分娩室	2	4	1	—	—	—	—	—
	产后恢复室	1	1	—	—	—	—	—	—
	产后高危护理	1	3	1	—	—	—	—	—
	婴儿室	1	1	1	—	—	—	—	—
儿科	新生儿重症监护	3	3	3	—	—	—	—	—
	儿科重症监护	3	3	1	—	—	—	—	—
	育婴室	1/4	1/4	1/4	—	—	—	—	—
	儿科病房	1	1	1	—	—	—	—	—
诊断学	脑电图、心电图、肌电图	1	1	—	—	—	—	—	—
	眼耳鼻喉科	—	1	1	—	—	—	—	—
	MRI/CT/PET 室	1	1	1	—	—	—	—	—
	其他影像检查室	1	1	—	—	—	—	—	—
病房及其他	病房(每床)	1	1	1	—	—	—	—	—
	精神病房	1a	1a	—	—	—	—	—	—
	中级护理室	2	2	1	—	—	—	—	—
	ICU	3	3	1	—	—	—	—	—
	CCU	3	2	1	—	—	—	—	—
	抢救室	2	3	1	—	—	—	—	—
	急诊观察室	1	1	—	—	—	—	—	—
	急诊分诊室	1	1	—	—	—	—	—	—
	外伤治疗室	2	3	1	—	—	—	—	—
	检查/治疗/处置	1	1	—	—	—	—	—	—
	牙科治疗室	1	1	1	—	1	1	1	—

（续表）

部门	使用单元	氧气	真空	医疗空气	氧化亚氮/氧气混合气	氧化亚氮	麻醉或呼吸废气	氮气/器械空气	二氧化碳
病房及其他	急诊骨科诊疗室	1	1	—	—	—	—	1	—
	呼吸治疗室	1	1	1	—	—	—	—	—
	尸体解剖间	—	1	—	—	—	—	1	—
	抽血室	1	1	—	—	—	—	—	—
	心导管检查室	2	2	1	—	—	—	—	—
	门诊隔离室	1	1	—	—	—	—	—	—

注：表中“a”表示视医疗团队需求设置。标准版本如有更新，以新标准为参考。

4.2 计算参数

4.2.1 各类医用气体系统气源的流量计算参数，按《医用气体工程技术规范》GB 50751 附录 B 取值，详见表 4.2.1-1～表 4.2.1-6。

表 4.2.1-1 医疗空气、医用真空与医用氧气流量计算参数

使用单元		医疗空气(L/min)			医用真空(L/min)			医用氧气(L/min)		
		Q_a	Q_b	η	Q_a	Q_b	η	Q_a	Q_b	η
手术室	重大手术室、整形外科、神经外科	40	20	100%	80	40	100%	100	10	75%
	门诊手术室	60	20	75%	80	40	50%	100	10	50%
	麻醉诱导室	40	40	10%	40	30	25%	100	6	25%
	术后恢复室、苏醒室	60	25	50%	40	30	25%	10	6	100%
重症监护	ICU、CCU	60	30	75%	40	40	75%	10	6	100%
	NICU	40	40	75%	40	20	25%	10	4	100%
妇产科	分娩室	20	15	100%	40	40	50%	10	10	25%
	待产间、产房	40	25	50%	40	40	50%	10	6	25%
	产后恢复间	20	15	25%	40	40	25%	10	6	25%
	新生儿间	20	15	50%	40	40	25%	10	3	50%
其他	急诊、抢救室	60	20	20%	40	40	50%	100	6	15%
	普通病房	60	15	5%	40	20	10%	10	6	15%
	呼吸治疗室	40	25	50%	40	40	25%	—	—	—
	创伤室	20	15	25%	60	60	100%	—	—	—

（续表）

使用单元		医疗空气(L/min)			医用真空(L/min)			医用氧气(L/min)		
		Q_a	Q_b	η	Q_a	Q_b	η	Q_a	Q_b	η
其他	实验室	40	40	25%	40	40	25%	—	—	—
	增加的呼吸机	80	40	75%	—	—	—	—	—	—
	CPAP 呼吸机	—	—	—	—	—	—	75	75	75%
	门诊室	20	15	10%	—	—	—	10	6	15%

注：1. 本表按综合性医院应用资料编制。
2. 表中普通病房、创伤室的医疗空气流量系按患者所吸氧气需与医疗空气按比例混合并安装医疗空气终端时的流量。
3. 氧气不作呼吸机的动力气体。
4. 增加的呼吸机医疗空气流量应以实际数据为准。

表 4.2.1-2　器械空气或氮气流量计算参数

使用单元	Q_a(L/min)	Q_b(L/min)	η
手术室	350	350	50%(<4 间的部分)
			25%(≥4 间的部分)
石膏室、其他科室	350	—	—
引射式麻醉废气排放(共用)	20	20	见表 4.2.1-5
气动门等非医用场所	按实际用量另计		

注：表中同时使用系数宜根据医院各科室情况以及实际运行数据进行调整。

表 4.2.1-3　医用氧化亚氮流量计算参数

使用单元	Q_a(L/min)	Q_b(L/min)	η
抢救室	10	6	25%
手术室	15	6	100%
妇产科	15	6	100%
放射诊断(麻醉室)	10	6	25%
重症监护	10	6	25%
口腔、骨科诊疗室	10	6	25%
其他科室	10	—	—

表 4.2.1-4　医用二氧化碳流量计算参数

使用单元	Q_a(L/min)	Q_b(L/min)	η
终端使用设备	20	6	100%
其他专用设备	按实际用量另计		

表 4.2.1-5　麻醉或呼吸废气排放流量计算参数

使用单元	Q_a 与 Q_b(L/min)	η
抢救室	80(高流量排放方式) 50(低流量排放方式)	25%
手术室		100%
妇产科		100%
放射诊断(麻醉室)		25%
口腔、骨科诊疗室		25%
其他麻醉科室		15%

表 4.2.1-6　牙科空气与真空流量计算参数

气体种类	Q_a(L/min)	Q_b(L/min)	η	η
牙科空气	50	50	80%(<10 张牙椅的部分)	60%(≥10 张牙椅的部分)
牙科真空	300	300		

注:表中 Q_a、Q_b 的取值应根据医院实际牙椅具体型号进行调整。

4.2.2　呼吸类病区(平急结合)医用气体的建议流量计算参数见表 4.2.2。

表 4.2.2　呼吸类病区(平急结合)医用气体流量计算参数

使用单元	医疗空气(L/min)			医用真空(L/min)			医用氧气(L/min)		
	Q_a	Q_b	η	Q_a	Q_b	η	Q_a	Q_b	η
呼吸类标准病房	60	15	50%	40	20	10%	10	6	70%
呼吸类重症、亚重症病房	60	30	100%	40	40	75%	100	20	100%
呼吸类高危病房、呼吸类 ICU	80	60	100%	40	40	75%	100	60	100%

4.2.3　器械空气/氮气和氧化亚氮的使用区域及同时使用系数应咨询医疗人员的建议,避免选型过大。

4.2.4　氧舱相关气体计算参数包括容积、舱内工作压力、升压速率、治疗人数、加压次数等,应符合治疗工艺要求以及《氧舱安全技术监察规程》TSG 24 和《氧舱》GB/T 12130 的规定。

4.2.5　实验室培养箱气体流量计算参数包括有效容积、开启次数、恢复时间等,应根据实验操作规定和设备具体型号确定。

4.3　计算公式

4.3.1　系统流量计算

医用气体系统气源或者各医疗功能单元的流量可按公式(4.3.1)计算：

$$Q=\sum[Q_a+Q_b(n-1)\eta] \tag{4.3.1}$$

式中，Q——使用单元内的气体计算流量(L/min)；

Q_a——终端处额定流量(L/min)；

Q_b——终端处计算平均流量(L/min)；

n——使用单元内的床位或计算终端的数量；

η——使用单元内同时使用系数。

计算值作为气源设备配置或主干管和分支干管管径的计算依据。

4.3.2　存储量计算

对于采用压力容器进行存储的医用气体，如液氧、液氮、氧气、氮气、氧化亚氮、二氧化碳等，需要根据该气体的日用量、充装比、充装周期或换瓶周期计算其规定周期内的总存储容积。

日用量宜按平均小时流量和日使用时间进行计算，可按公式(4.3.2)计算：

$$V_d=\sum(Q_1T_1+Q_2T_2+\cdots+Q_nT_n) \tag{4.3.2}$$

式中，V_d——日计算用量(L/d)；

Q_1——使用单元 1 内的气体计算流量(L/min)；

Q_2——使用单元 2 内的气体计算流量(L/min)；

Q_n——使用单元 n 内的气体计算流量(L/min)；

T_1——使用单元 1 内的终端日用时间(min)；

T_2——使用单元 2 内的终端日用时间(min)；

T_n——使用单元 n 内的终端日用时间(min)。

计算值作为储罐或汇流排容积的计算依据。

终端日用时间可参考《医院洁净手术部建筑技术规范》GB 50333 第 9.2.5 条的规定，

见表4.3.2。

表4.3.2 医用气体终端的日用时间

气体种类	使用单元	日用时间(min)
医用氧气	手术室	120
	重症监护、恢复室	1 440
	普通病房、门诊等	120
氮气	手术室	30
氧化亚氮	手术室	120
氩气	手术室(由医疗工艺确认是否设置)	120
二氧化碳	手术室	60

第 5 章　气源设计

5.1　医用氧气源

5.1.1　基本原则

1　医用氧气供应以集中供氧方式为主，常见的氧气供应源有低温液氧储罐、医用分子筛制氧机组、焊接绝热气瓶汇流排、气体钢瓶汇流排等。

2　医用氧气源应包括主气源、备用气源、应急气源。主气源和备用气源应能自动和手动切换，应急气源应能自动投入使用。

3　医用氧气源的选择以保证气体品质和安全持续供应为首要原则。

4　液氧供应源在距医疗机构 150 km 范围以内时，宜优先采用液氧作为主气源。

5　医用分子筛制氧机组的使用应以满足临床使用为前提，除作为应急气源外，医用分子筛制氧系统必须配备备用气源。

6　备用气源和应急气源不应采用焊接绝热气瓶汇流排，应急气源不应采用液氧系统。

7　有平急结合要求或考虑突发事件因素，应预留临时应急气源接入和配套条件。

8　医用氧气供应系统在单一故障状态时，应能连续供气。

9　气源站房设计应考虑系统容量扩增的可能。

5.1.2　液氧站

1　液氧站主要设备

1）液氧站由低温液氧储罐、汽化器、减压装置、在线监测与报警装置等组成，液氧通过医用液氧专用槽车运输。

2）液氧储存量计算应考虑低温液氧储罐日蒸发率、充装比和残留率。

3）低温液氧储罐宜按主、备气源分别设置，主气源储存量不小于 3 天日用量，备用气源储存量应不小于 1 天日用量。

4）低温液氧储罐不宜少于2个，并能切换使用，单罐容积不应大于5 m^3，总容积不宜大于20 m^3；当低温液氧储罐确需室内布置时，总容积不得超过10 m^3。

5）汽化器应具有防冲液、防超压等多重安全装置，汽化器出口应设置温度过低报警装置。医疗机构液氧供应系统宜采用空温式汽化器；对汽化效率有不同要求的，可采用强制通风式、循环热水水浴式、蒸汽加热水浴式、电加热水浴式等加热方式的汽化器。

6）汽化器不应少于2组，且应能相互切换，当一组不能工作时，其余汽化器应能满足最大计算流量。考虑环境因素对汽化效率的影响，汽化器的总汽化量不宜小于计算流量的2倍。

7）医用氧气加压舱与其他医疗用氧共用液氧源时，应设置专用的汽化器；有平急结合要求的场所与其他医疗单元共用液氧源时，宜设置专用汽化器。

8）减压装置应采用低温型、双路结构，每一路均应满足最大计算流量，减压装置上游应设置过滤装置，上、下游均应设置安全阀和压力表。

9）应对液氧储罐的自蒸发氧气进行回收，并优先利用。

2 液氧站布置要求

1）液氧站宜露天布置，应具有较好的自然通风条件。

2）液氧储罐与医疗机构外建筑之间的防火间距应符合《建筑设计防火规范》GB 50016的有关规定，见表5.1.2-1。

表5.1.2-1 液氧储罐与建筑物、储罐、堆场等防火间距(单位：m)

名称		湿式氧气储罐(总容积 V, m^3)		
		$V \leqslant 1\,000$	$1\,000 < V \leqslant 50\,000$	$V > 50\,000$
明火或散发火花地点		25	30	35
甲、乙、丙类液体储罐，可燃材料堆场，甲类仓库，室外变、配电站		20	25	30
民用建筑		18	20	25
其他建筑	一、二级	10	12	14
	三级	12	14	16
	四级	14	16	18

注：1 m^3 液氧折合标准状态下800 m^3 气态氧。

3）液氧储罐与医疗机构内部建筑物、构筑物之间的防火间距应符合《医用气体工程技术规范》GB 50751 的有关规定，见表 5.1.2-2。

表 5.1.2-2　液氧储罐与医疗机构内部建筑物、构筑物之间的防火间距

建筑物、构筑物	防火间距(m)
医院内道路	3
一、二级建筑物外墙壁或突出部分	10
三、四级建筑物外墙壁或突出部分	15
医院变电站	12
独立车库、地下车库出入口、排水沟	15
公共集会场所、生命支持区域	15
燃煤锅炉房	30
一般架空电力线	≥1.5 倍电杆高度

注：当面向液氧储罐的建筑外墙为防火墙时，液氧储罐与一、二级建筑物墙壁或突出部分的防火间距不应小于 5 m，与三、四级建筑物墙壁或突出部分的防火间距不应小于 7.5 m。

4）液氧储罐与医疗机构外道路的防火间距应符合《建筑设计防火规范》GB 50016 的相关规定。

5）液氧站周围宜设置围墙或栅栏，并应设置明显的禁火标志。

6）必要时，可采用高度不低于 2.5 m 的实体围墙将液氧储罐隔开。当围墙外为道路或开阔地时，储罐与实体围墙的间距不应小于 1 m；围墙外为建筑物、构筑物时，储罐与实体围墙的间距不应小于 5 m。

7）液氧站及液氧接口下方周边 5 m 范围内不应有可燃物和沥青路面，且不燃材料地面长度不应小于液氧槽车充装时所占用地范围。

8）液氧站内相邻储罐之间的距离不应小于最大储罐直径的 0.75 倍；各设备之间的净距不宜小于 1.5 m，设备与墙体之间的净距不宜小于 1 m。

9）当应急气源采用气体钢瓶汇流排于液氧站内布置时，应设置钢瓶存放空间和装卸通道。汇流排应采用室外型设备，并采取安全防护措施。

10）站内氧气放散管和液氧排放管均应接至室外安全处，放散口距地面不得低于 4.5 m。

11）液氧储罐充液管接口位置应便于槽车接驳，接口应设置防错接和保护措施。

12）液氧储罐、汽化器及汇流排的安装应考虑抗震设防要求。

13）液氧站区域电气设备的选择应按《爆炸危险环境电力装置设计规范》GB 50058 规

定的爆炸危险区 21 区设置;液氧站内的设备及管道均应有可靠的防雷保护和导除静电的接地装置。

14）对于超大型医疗机构,可考虑将液氧站分地块设置或单地块内多座设置(若设置 1 座液氧站,液氧充装周期较短,频繁充装不利于系统安全运行)。

5.1.3 医用分子筛制氧机房

1 制氧机房主要设备

1）系统主要由空压机、干燥器、过滤器、分子筛制氧机、氧气储罐、应急气源、系统监测及报警装置等组成,宜采用整体撬装式机组。

2）空压机宜选用低噪声无油变频设备,机组台数不应少于 2 台。当其中一台故障时,其余机组供应能力应能满足系统最大供应需求。

3）空压机排气压力不宜超过 0.7 MPa。

4）空压机的设计流量应考虑制氧过程中因解吸反吹和分子筛吸附效率而损失的部分空气,空氧比不宜低于 15∶1。

5）为保护制氧分子筛,提高吸附能力和使用寿命,压缩空气干燥装置宜采用吸附式干燥器,其处理能力应与空压机的供气流量匹配,干燥器宜与空压机一一对应配置。当其中一台故障时,其余干燥器处理能力应能满足系统最大供氧需求。

6）压缩空气储罐容积不应小于系统设计流量(L/min)的 20%,氧气储罐容积应满足管网压力稳定和制氧机从启动至达到额定流量、额定浓度所需时间内的供氧要求。

7）分子筛制氧机台数不应少于 2 台,当供氧流量大于 60 m^3/h 时,机组台数宜不少于 3 台。当其中一台故障时,其余机组供应能力应能满足系统最大供应需求。

8）分子筛制氧机氧气供应压力不得小于 0.45 MPa,当需供应高压氧舱时,应核实制氧系统压力调节范围。

9）非低压吸附的分子筛制氧系统不宜设置氧气加压装置,如必须设置,加压机前后应分别设置缓冲罐和压力储罐。

10）减压装置应采用双路型式,每一路均应满足最大流量(计算流量)及安全泄放需要,减压装置的出口宜设置过滤装置。

2 制氧机房设计

1）医用分子筛制氧机房的设计须执行《氧气站设计规范》GB 50030 的相关要求,其机房应独立设置;机房内各工艺相关的毗连房间之间,应采用耐火极限不低于 2 h 的不燃烧体隔墙和甲级防火门窗进行分隔。

2）医用分子筛制氧系统提供的是浓度90%～96%的氧气，按《建筑设计防火规范》GB 50016规定，其机房火灾危险性类别应定性为乙类厂房；防火规范并未针对医疗机构的分子筛制氧系统规定特殊条款，其机房须按乙类厂房的防火间距要求进行设置，见表5.1.3。

表5.1.3 医用分子筛制氧机房与民用建筑、锅炉房等的防火间距(单位：m)

名称	民用建筑			锅炉房	室外变、配电站
	裙房，单、多层	高层			
	一、二、三、四级	一类	二类	一、二级	
制氧机房	25	50		10	25

3）各设备之间的净距不宜小于1.5 m，设备与墙体之间的净距不宜小于1 m，机房内主要通道和设备维护通道的宽度不宜小于2 m。

4）空压机间与制氧机间宜分开设置，氧气压缩机间、汇流排间应设于单独的房间内，氧气储罐宜设于室外。

5）制氧系统的空气源进气口应符合洁净吸气的要求，应避开污染源，如通风系统排气口、燃烧废气烟道口、吸引废气排气口、冷却塔等。

6）各安全阀放散管均应接至室外安全处，分子筛放散管还应设置消声器。

7）机组、储气罐及汇流排的安装应考虑抗震设防要求。

8）空压机区域应设置独立的通风装置，机房内工作温度不应超过40℃。

9）机房应设置应急备用电源，以保证供气的稳定、安全。

10）制氧机房应满足泄爆、泄压要求，机房内应保持良好的通风，并设置氧气泄漏浓度报警装置，与事故风机连锁，事故风机采用防爆电机。

11）制氧机房内氧压机间电气设备的选择须按《爆炸危险环境电力装置设计规范》GB 50058规定的爆炸危险区21区设置，汇流排间、氧气储罐间按爆炸危险区22区设置；机房内的设备及管道均应有可靠的导除静电的接地装置。

5.1.4 氧气钢瓶汇流排间

氧气汇流排一般用作应急备用气源，以保证生命支持区域4 h以上用氧量。氧气钢瓶汇流排供应源由氧气钢瓶、阀门、汇流总管、自动切换柜等部件组成。

根据《氧气站设计规范》GB 50030 的相关规定：输氧量超过 60 m^3/h 的氧气汇流排间、氧气压力调节阀组的阀门室宜布置成独立建筑物，当与厂房毗连时，其毗连的厂房的耐火等级不应低于二级，并应采用耐火极限不低于 2.0 h 的无门、窗、洞的不燃烧体隔墙与该厂房隔开。因此，在设计应急备用氧气汇流排时，应校核计算流量和汇流排选型参数，并以此为依据考虑汇流排间的设置位置。具体要求如下：

1 汇流排间不应布置在地下空间或半地下空间。

2 汇流排间应防止阳光直射。

3 汇流排间的地坪应平整、耐磨、耐滑、受撞击不产生火花，并应有防止瓶倒的设施。

4 当供氧量不超过 60 m^3/h 时，氧气钢瓶汇流排间可设置在耐火等级不低于三级的建筑内，但应靠外墙布置，并应采用耐火极限不低于 2.0 h 的墙和甲级防火门与建筑物的其他部分隔开，远离火种和热源。

5 医用氧气汇流排两侧钢瓶宜数量相同，并应能自动切换，切换时需提供报警信号。

6 无论氧气汇流排间设于一层还是靠近洁净手术部的设备夹层，均应考虑设置安全便利的运输通道或货梯，避免钢瓶搬运时通过人员密集场所。

7 氧气汇流排间内应保持良好的通风，并设置氧气泄漏浓度报警装置，浓度报警与事故风机连锁，事故风机应采用防爆型电机。

8 汇流排放散管应引出至室外安全处。

9 汇流排应使用安全低压电源，当电力中断或控制电路故障时，应能持续供气。

10 汇流排间内电气设备的选择须按《爆炸危险环境电力装置设计规范》GB 50058 规定的爆炸危险区 22 区设置；汇流排间内的设备及管道均应有可靠的导除静电的接地装置。

5.2 医用空气源

5.2.1 基本原则

1 根据医用空气的不同用途，医用空气供应源主要分为医疗空气供应源、器械空气供应源和牙科空气供应源。

2 医疗空气供应源应考虑突发事件下临时应急气源接入的可行性，并预留接入和配套条件。

3 当医用空气供应源系统必须合用时，各系统减压装置前应分设缓冲罐，缓冲罐应靠近负荷中心设置。

4　当器械空气与牙科空气系统合用时，不宜与医疗空气共用空气压缩机组。

5　牙科空气不宜与医疗空气共用空气压缩机组。

6　在技术经济评价占优的前提下，宜采用氮气替代器械空气。

7　医疗空气供应源宜采用小容量、多台数的机组配置方式，运行方式机动灵活，能较好适应用气负荷变化。

8　非独立设置的器械空气系统，器械空气不得用于各类工具的维修或吹扫，以及非医疗气动工具或密封门等的驱动用途。

9　医用空气供应系统的配置在发生单一故障时，应能连续工作。

10　空压机房宜靠近用气负荷中心设置，机房设计应考虑系统容量扩增的可能。

11　有平急结合要求的病区，空压机房应设于非污染区内。

5.2.2　空压机房主要设备

1　医用空气源由进气消音装置、空压机、后冷却器、储气罐、干燥机、空气过滤系统、减压阀组、止回阀、系统监测及报警装置等组成，宜采用整体撬装式机组。医疗空气供应源、器械空气供应源在单一故障状态时，应能连续供气。

2　空压机宜采用同一机型，并选用低噪声无油设备，机组台数不应少于 2 台，宜采用小容量、多台数的配置。当其中一台故障时，其余机组供应能力应能满足系统最大供应需求。

3　空压机的设计流量应考虑干燥过程中因解吸反吹而损失的部分空气。

4　医疗空气和器械空气系统的干燥装置宜采用吸附式干燥器，其处理能力应与空压机的供气流量匹配，干燥器宜与空压机一一对应配置，当其中一台故障时，其余干燥器处理能力应能满足系统最大供应需求。

5　储气罐总容积不应小于系统设计流量（L/min）的 20%，当设计流量大于 500 L/min 时，宜设置 2 个储气罐；当只设置 1 个储气罐时，应安装检修用旁通管。

6　减压装置应采用双路型式，每一路均应满足最大流量（计算流量）及安全泄放需要，减压装置的出口宜设置过滤装置。

7　医疗空气过滤系统应设置不少于两级的空气过滤器，每级过滤器均应有备用设置。系统的过滤精度不应低于 1 μm，且过滤效率应大于 99.9%。

8　器械空气过滤系统应设置不少于两级的空气过滤器，每级过滤器均应有备用设置。

系统的过滤精度不应低于 0.01 μm，且过滤效率应大于 98%。

9 过滤系统的末级宜设置用于除味的活性炭过滤器。

10 传染病医院或用于感染楼的医疗空气系统，其过滤系统的末级应设置细菌过滤器，细菌过滤器应有备用设置。其过滤精度应为 0.01～0.2 μm，且过滤效率应达到 99.995%。

11 过滤器应具有压差显示器，当压差大于 35 kPa 时，应进行滤芯更换；每组过滤器的处理能力均应能满足设计流量要求。

12 医疗空气供应源应设置一氧化碳浓度报警装置，当一氧化碳浓度超标时，应能自动启动报警。

13 当医疗空气常压露点达到 −20℃、器械空气常压露点达到 −30℃ 时，应能自动启动报警。

5.2.3 空压机房设计

1 空压机房一般独立设置或设于医院建筑内部，其火灾危险性类别为丁、戊类。若压缩空气系统中空压机均采用无油机组，则机房定性为戊类，否则为丁类。

2 各设备之间的净距不宜小于 0.8 m，设备与墙体之间的净距不宜小于 0.8 m，机房内主要通道和设备维护通道宽度不宜小于 1.2 m，整体撬装式机组之间净距不宜小于 1.5 m。

3 当同一机房内设有多种用途的空压机时，其通风换气计算应按各系统最大运行负荷叠加计算。

4 空压机进气管应配备进气过滤器，其进气口应设置在远离医疗空气限定的污染物散发处的场所；空气源进气口应符合洁净吸气的要求，应避开污染源，如通风系统排气口、燃烧废气烟道口、吸引废气排气口、冷却塔等。

5 当进气口设于室外时，进气口应高于地面 5 m，且与建筑物的门、窗、进排气口或其他开口的距离不应小于 5 m。

6 当进气口设于室内时，医疗空气供应源不得与医用真空汇、牙科专用真空汇，以及麻醉废气排放系统设置在同一房间内。压缩机进气口不应设置在电机风扇或传送皮带的附近，且室内空气质量应等同或优于室外，并应能连续供应。

7 医用空气供应源应设置防倒流装置；储气罐等设备的冷凝水排放应设置自动和手动排水阀门。

8　气源出口应设置气体取样口。

9　对于风冷机组，其机房通风应满足机房工作温度不高于40℃要求，新风入口需设置初效过滤装置，送排风段均应设置消声装置。空压机房内气压应保持正压。

10　机房应设置应急备用电源，以保证供气的稳定、安全。

11　牙科空气气源应独立就近设置，技术要求满足《牙科学　中央压缩空气源设备》YY/T 0905的相关规定。

5.3　真空汇

5.3.1　基本原则

1　根据真空的不同用途，真空分为医用真空、麻醉或呼吸废气排放和牙科专用真空。

2　末端真空压力不同的真空系统，应独立设置。

3　医用真空、麻醉或呼吸废气排放系统的配置在发生单一故障时，应能连续工作。

4　真空系统机组宜采用无油设备，不建议采用水环式真空泵，真空管道宜采用医用铜管。

5　真空系统的废气排放端应设置有效的细菌及病毒灭杀装置，并满足真空泵的排气背压要求。

6　真空系统内的细菌及病毒灭杀装置应易于维护，更换的废弃物应按感染性医疗废弃物由专职人员及专业机构处理。

7　医疗机构内的传染病区和有平急结合要求的病区，医用真空系统应独立设置，且机房应设于污染区内，防护要求与传染病区的防护等级一致。

8　在技术经济评价占优的前提下，宜采用独立的麻醉废气排放系统替代引射式排放系统。

9　医用真空系统宜采用小容量、多台数的机组配置方式，运行方式机动灵活，能较好适应负荷变化。

10　机房宜靠近负荷中心设置，并考虑系统容量扩增的可能。

5.3.2　真空泵房主要设备

1　医用真空系统由真空泵、真空罐、细菌过滤器、除污罐、灭菌器、监测与报警装置等组成，宜采用整体撬装式机组。

2 真空泵宜采用同一机型，并选用低噪声无油设备，机组台数不应少于 2 台，当其中一台故障时，其余机组供应能力应能满足系统最大需求。

3 真空罐总容积不宜小于 1 min 系统工况设计流量(L/min)。真空罐宜设置 2 个，当只设置 1 个真空罐时，应安装旁通管。

4 真空罐、除污罐应设置液位指示和排污阀，罐体上方宜设置水力冲洗装置。

5 当系统设置细菌过滤器时，过滤器应具有滤芯性能监视功能，细菌过滤器应设置备用，每组过滤器均应能满足设计流量要求。

6 排放废气的细菌及病毒灭杀装置宜采用物理方式，不应产生二次污染。

7 真空机组宜设置排气高温报警和系统过载报警。

5.3.3 机房设计

1 真空泵房一般独立设置或设于医院建筑内部，其火灾危险性类别为丁、戊类。若真空泵均采用无油机组，则机房定性为戊类，否则为丁类。

2 各设备之间的净距不宜小于 0.8 m，设备与墙体之间的净距不宜小于 0.8 m，机房内主要通道和设备维护通道宽度不宜小于 1.2 m，整体撬装式机组之间净距不宜小于 1.5 m。

3 真空系统排气管应配备细菌及病毒灭杀装置，排气口应设置在远离医用空气吸气口、新风系统取风口、有人员办公或频繁通过区域的室外安全区域，最小间距不应小于 5 m。排气管最低处应设置排水阀。

4 当多台真空泵合用排气管时，每台真空泵排气管应采取隔离措施。

5 机房应设置独立的送排风系统，当同一机房内设有多种用途的真空机组时，其通风换气应按各系统最大运行负荷叠加计算，通风应满足机房工作温度不高于 40℃ 要求，并保持机房内气压为负压。

6 排放废气的细菌及病毒灭杀装置宜设于机房内部便于检修的位置。

7 牙科真空系统应独立就近设置，技术要求满足《牙科学　中央抽吸源设备》YY/T 0629 的相关规定。

8 牙科真空系统建议采用湿式系统，机组前段应设置空气分离装置，废水排出端应设置汞合金分离装置。

9 牙科真空系统若采用干式系统，机组前段应设置冷凝物分离装置。

10 牙科真空系统若采用半干式系统，废气排出端应设置空气分离装置，废水排出端应设置汞合金分离装置。

5.4　特殊场所及少数气体气源

5.4.1　高压氧舱

1　医用氧舱舱内气体供应参数、流量、压力应符合《氧舱》GB/T 12130 的相关规定。

2　当氧舱加压介质采用压缩空气时，压缩空气的气源和管路系统应独立于医疗机构集中供应的医用气体系统，气源设计按医疗空气气源设计要求，机房不得设置于建筑二层及二层以上位置。

3　当氧舱加压介质采用氧气时，用于加压的氧气源应采用独立气源，其汽化装置、减压装置、氧气管路均应独立于医疗机构其他场所的集中供氧系统。

4　氧舱呼吸用医用氧气可由医疗机构集中供氧系统供应，并设置氧气汇流排作为备用气源。医用氧气加压舱的供氧压力不应大于 0.2 MPa；医用空气加压氧舱的供氧压力应高于工作舱压力 0.4～0.7 MPa；当舱内满员且同时吸氧时，供氧压降不应大于 0.1 MPa。

5　医用氧气加压舱医用气源的计算及设计流量应满足《医用气体工程技术规范》GB 50751 中第 9.2.3 和 9.2.4 条的要求。

6　呼吸气体管道设计压力大于 0.8 MPa 时，阀门应采用渐开式。

7　医用氧舱排氧管路应接至室外安全处，放散口应高于地面 3 m 以上并远离火花散放点。

5.4.2　生殖中心

1　生殖中心的医用氧气、医疗空气可接自医疗机构医用气体集中供应系统；氧化亚氮、二氧化碳、氮气、混合气体应为独立气源，由气体钢瓶或焊接绝热气瓶汇流排供应；液氮宜采用移动式小型液氮罐就近供应。

2　取卵所需气体可能包括医用氧气、医疗空气、医用氧化亚氮。

3　胚胎培育所需气体可能包括二氧化碳、氮气、混合气体。

4　胚胎植入所需气体可能包括医用氧气、医疗空气、医用氧化亚氮。

5　胚胎冷冻储存所需气体一般为液氮。

6　生殖中心内的住院、门诊、医技、手术等区域用气按医疗机构内同等区域要求设置。

7 生殖中心内医用气体管道应采用不锈钢无缝钢管；低温液体管道宜采用不锈钢真空绝热低温管。

5.4.3 实验室

1 实验室常用气体包括纯氮气、普通氮气、氩气、洁净空气、氦气、乙炔、普通压缩空气、氧气、二氧化碳、氨气等，其中乙炔、氢气、氨气为易燃易爆气体。

2 实验室供气可采用中央供气系统或分散的气瓶柜供气方式。中央供气系统包括自制气源、汇流排、减压装置、报警监控、紧急自动切断、事故连锁、管道、阀门等。

3 气源以汇流排为主，部分气体可采用压缩机或气体发生器，如压缩空气、氢气、氮气。气瓶间、气瓶柜及用气房间均应设置可燃气体泄漏报警装置，自动排风装置均单独设置。

4 主要设备、管材、管件、阀门，及其他附件的材质应与输送气体兼容，并满足相应气体的纯度、洁净度要求。

5 实验室内的压缩空气系统不宜与医用空气系统合用。

6 实验室内气体管道应采用不锈钢无缝钢管。

5.4.4 中心供应

1 中心供应的压缩空气应与医用空气源分开。

2 中心供应的压缩空气源可与其他非医用空气源合并设置。

3 中心供应内压缩空气管道宜采用不锈钢无缝钢管。

5.4.5 少数气体气源

1 对于由气瓶柜、气体钢瓶或焊接绝热气瓶汇流排供应的气体，其气体用量相对较小，宜靠近用气负荷区域供应，并考虑设置安全便利的运输通道或货梯，避免钢瓶搬运时通过人员密集场所。

2 汇流排间不应布置在地下空间或半地下空间；可燃气体汇流排不应与助燃气体同一机房设置，当不同气体汇流排设于同一机房内，应有防错接装置。

3 汇流排间应靠外墙设置，并防止阳光直射。汇流排间的地坪应平整、耐磨、耐滑、受撞击不产生火花，并设有防倾倒措施。

4 助燃、可燃、有毒气体的钢瓶汇流排间应设置在耐火等级不低于二级的建筑内，应靠外墙布置，并应采用耐火极限不低于 2.0 h 的墙和甲级防火门与建筑物的其他部分隔开，远离火种和热源。

5　防爆气瓶柜应设于专用房间内，气瓶柜本体应满足 2.0 h 耐火极限，并具有泄漏报警、紧急切断、通风、喷淋等安全和消防措施。

6　汇流排间内应保持良好的通风，并设置气体浓度报警装置，与事故风机连锁，可燃气体的事故风机应采用防爆电机。

7　汇流排安全阀排放口应引出至室外安全处，可燃气体排放管出口应设置阻火装置。

8　汇流排两侧钢瓶宜数量相同，并应能自动切换，切换时需提供报警信号。

9　二氧化碳、氧化亚氮等高压液体钢瓶汇流排，应具有辅助加热或防结冰措施。

10　气体汇流排应使用安全低压电源，当电力中断或控制电路故障时，应能持续供气。

11　汇流排间内电气设备的选择应按《爆炸危险环境电力装置设计规范》GB 50058 规定的爆炸危险区级别设置；汇流排间内的设备及管道均应有可靠的导除静电的接地装置。

第 6 章　管路设计

6.1　管道、管件、阀门选用标准

6.1.1　基本原则

1　医用气体管道系统是医疗设施硬件中的重要组成部分之一，符合卫生学要求的优质管材是医院进行有效抢救、治疗和检测的保证。医用气体的管道要求具有良好的洁净度、密闭性和耐腐蚀性，应从卫生学标准、管材标准、机械性能、耐腐蚀性、连接方式和工艺，以及经济性等方面综合考虑。

2　医用气体管材、管件、阀门等应具有明确的标记，应包含制造商名称或注册商标，保证能溯源的产品类型、规格、批次号或生产日期。

3　管材、管件、阀门以及其他附件的材料应具有兼容性，并考虑纯度、洁净度要求。

4　医用气体系统管道的设计年限不应低于 30 年。

6.1.2　无缝铜管

1　医用气体管道材料优先选用铜管，无缝铜管材料与规格应符合《医用气体和真空用无缝铜管》YS/T 650 的相关规定。

2　医用气体系统用铜管件应符合《铜管接头　第 1 部分：钎焊式管件》GB/T 11618.1 的要求，不锈钢管件应符合《钢制对焊无缝管件》GB/T 12459 的要求。

3　铜管壁厚应经强度与寿命计算确定，且最小公称壁厚不应小于表 6.1.2 的规定。

表 6.1.2　医用气体无缝铜管最小公称壁厚

公称直径 DN	10	15	20～25	32～40	50～80	100～125	150～200
管材最小公称壁厚(mm)	0.8	1.0	1.2	1.5	2.0	2.5	3.5

6.1.3　无缝不锈钢管

1　医用气体管道材料选用无缝不锈钢管时，应符合《流体输送用不锈钢无缝钢管》

GB/T 14976 的要求。

2 低温液体管道选用不锈钢真空绝热低温管时，应符合《真空绝热低温管》JB/T 12665 的要求。

3 不锈钢材质应达到或高于 0Cr18Ni9（等效于 SUS 304 或之上），组织状态应是奥氏体。

4 不锈钢管道规格应符合《无缝钢管尺寸、外形、重量及允许偏差》GB/T 17395 的要求。

5 不锈钢管壁厚应经强度与寿命计算确定，且最小公称壁厚不应小于表 6.1.3 的规定。

表 6.1.3 医用气体无缝不锈钢管最小公称壁厚

公称直径 DN	10～20	25～40	50～80	100～125	150～200
管材最小公称壁厚(mm)	2.0	2.5	3.0	3.5	4.0

6.1.4 阀门选型要求

1 医用气体系统内阀门应采用铜或不锈钢材质的等通径阀门；需要焊接连接的阀门两端应带有预制的连接用短管。大于 DN25 的医用氧气管道阀门，应采用渐开式。

2 医用气体减压阀应采用经过脱脂处理的铜或不锈钢材质减压阀，并符合《减压阀一般要求》GB/T 12244 的要求。

3 医用气体安全阀应采用经过脱脂处理的铜或不锈钢材质的密闭型全启式安全阀，并符合《安全阀安全技术监察规程》TSG ZF001 的有关规定。

4 与医用气体接触的阀门、密封元件、过滤器等管道与附件，其材料与相应的气体不得产生有火灾危险、毒性或腐蚀性危害的物质。

5 医用气体管道法兰应与管道为同类材料，管道法兰垫片宜采用金属材质。

6.1.5 脱脂规定

1 所有压缩医用气体管材及附件均应严格脱脂，医用真空管材宜脱脂处理。医用气体管材脱脂应满足以下要求：

1）无缝铜管、铜管件脱脂标准与方法应符合《医用气体和真空用无缝铜管》YS/T 650 的要求。

2）无缝不锈钢管、管件洁净度应达到内表面碳的残留量不超过 20 mg/m^2、无毒性残留的要求。

3）管材应在交货前完成脱脂清洗及惰性气体吹扫后封堵的工序。

2 医用气体中所有的阀门均应经过脱脂处理。

6.1.6 其他要求

1 医用气体管道成品弯头半径不应小于管道外径，机械弯管或煨弯弯头半径不应小于管道外径的3～5倍。

2 医用气体压力表精度不得低于1.5级，其最大量程应为最高工作压力的1.5～2.0倍。

6.2 管道布置及敷设

6.2.1 一般规定

1 医用气体管道的布置应综合考虑医院的地形或医疗建筑的整体布局。

2 医用气体管网的布置应结合医疗机构近、远期的发展规划，考虑应急预留和外接气源接驳。

3 医用气体室外管网的布置方式应结合医疗机构所在地的水文地质及气象资料。

4 医用气体管线路由应结合各医疗建筑单体或各功能单元的负荷需求。

5 医用气体管线的敷设应综合考虑医疗机构内其他机电管线的布置情况。

6.2.2 室外管道

1 医用气体室外管道一般采用枝状布置，对于主气源采用多气源的单一正压气体系统，主干管宜环状布置，或于各气源之间设置联络管。

2 需同时供应生命支持区域和普通医疗场所的医用气体主干管应双母管设置，生命支持区域的医用气体管道应从气源处单独接出。

3 站房外医用气体管道优先采用管沟敷设，管沟内的管道不应采用法兰或螺纹连接，并应作加强绝缘防腐处理。

4 医用气体管道不应敷设在建筑物及构筑物的基础下（包括雨水、污水窨井内）。

5 医用气体管道应避免接触有腐蚀作用的化学品；埋地管道上方不得堆积易燃、易爆材料和具有腐蚀性的气、液体。

6 埋地医用气体管道沿线应设置开挖警示标志，当埋地管道穿越机动车道时应采取加盖钢板或钢筋混凝土盖板等保护措施。

7　当地下管道穿越道路或与其他管线交叉净距小于300 mm时，穿越部分应设置防护套管。

8　低温液体的输送管道应采取超压泄放措施和满足管道热胀冷缩要求的补偿措施。

9　室外真空管道应采取防冻措施。

6.2.3　室内管道

1　住院病区宜按护理单元设置竖向主干管。

2　门诊、急诊、医技宜按防火分区或功能分区设置竖向主干管。

3　由竖向主干管引出的水平支干管单向长度不宜超过50 m。

4　用于生命支持区域的竖向主干管和水平支干管应采用专用管路独立设置；当专用管路不能安全供气时，可切换至其他通用管路。

5　医用气体竖向主干管应敷设在专用管井内，且不应与可燃、腐蚀性的气体或液体、蒸气、电气、空调风管等共用管井。

6　医用气体水平支干管宜敷设在活络通风吊平顶内。医用气体管道间距应满足以下要求：

1）医用气体管道之间、管道与附件外缘间距不应小于25 mm，且应满足维护要求。

2）医用气体管道与其他管道的间距应满足表6.2.3的要求。当净距无法满足时，应采取适当的隔离措施。

表6.2.3　医用气体管道与其他管道之间最小净距

名称	与氧气管道净距(m)		与其他医用气体管道净距(m)	
	并行	交叉	并行	交叉
给水、排水管	0.15	0.10	0.15	0.10
保温热力管	0.25	0.10	0.15	0.10
不燃气体管	0.15	0.10	0.15	0.10
燃气管、燃油管	0.50	0.25	0.15	0.10
裸导线	1.00	1.50	1.00	1.50
绝缘导线或电缆	0.50	0.30	0.50	0.30
穿有导线的电缆管	0.50	0.10	0.50	0.10

7　医用气体管道不应穿越医护人员的生活、办公区，必须穿越时应采取防止气体泄漏的措施；必须穿越的部位，管道上不应设置法兰或阀门。

8 医用气体管道严禁穿越不使用医用气体的机电用房以及存放易燃易爆物品、可燃、腐蚀性气体或液体的房间。

9 各用气房间内的医用气体管道明管敷设时，须外敷槽板；暗敷时，需预留管槽，并设在保护槽板内，覆盖层厚度不应小于 20 mm。

10 病房内各医用气体支管数量宜根据终端单独配置，单终端的真空支管管径不应小于 DN15，单终端的正压支管管径不应小于 DN10。

11 单个或多个真空终端连接到分支管道中时，应从管道的顶部接入。

12 医用真空竖向干管底部应配备设有双阀的集液装置，双阀之间应设有便于观察液位的透明管段，以便系统在真空状态下排水。

13 若医用气体管井内设置有氧气二级减压装置，管井内应分段设置氧气浓度报警装置。

6.2.4 管道支架

1 医用气体管道支吊架设计应采用不燃烧材料，并有防腐、防火处理措施，管道与支吊架的接触处应做绝缘处理。

2 医用气体管道支吊架应与其他机电管线统筹考虑，宜采用成品综合支吊架。支吊架间距应满足表 6.2.4 的规定；竖向管道限位支架间距应为表 6.2.4 中数据的 1.2～1.5 倍，且每层楼板处应设 1 处。

表 6.2.4 铜管、不锈钢管水平直管道支吊架最大间距

公称直径 DN	10	15	20	25	32	40	50	65	80	100	125	≥150
铜管(m)	1.5	1.5	2.0	2.0	2.5	2.5	2.5	3.0	3.0	3.0	3.0	3.0
不锈钢管(m)	1.7	2.2	2.8	3.3	3.7	4.2	5.0	6.0	6.7	7.7	8.9	10.0

3 医用气体管道应设置抗震支吊架，抗震支吊架侧向最大间距不应大于 6 m，纵向最大间距不应大于 12 m。

6.3 阀门设置

6.3.1 一般规定

1 机房区域内各控制阀、关断阀、减压阀等按工艺流程配置，其型号、规格应按介质流

量、压力、温度进行综合计算。

2　医用气体主干线、支干线的起点应设置关断(维修)阀门,室内外输配干线上不应设置分段阀门,水平支干线上不宜设置分段阀门。

3　竖向主干管上的分段阀门(若设置)宜按楼层每 3～5 层分段设置。

4　主干线、支干线的关断(维修)阀门宜设于机房、医用气体管井内便于操作的位置,不宜设于吊顶或其他无关房间内部。

5　单栋楼的医用气体主干管入户后,宜设置专用阀门小室。

6　医用气体主干管道上除必须与消防联动的阀门外,不得采用电动或气动阀门;大于 DN25 的医用氧气管道阀门应采用渐开式阀门;除区域阀门外,其他阀门宜使用带锁柄的阀门。

7　医用气体管道系统预留接口应设置阀门,并封堵管道末端,避免被污染或泄漏。

6.3.2　区域阀门

1　区域阀门应按功能单元、防火分区,结合疏散通道和疏散方向进行设置。

2　生命支持区域的每间手术室、麻醉诱导和复苏室,以及每个重症监护区域外的每种医用气体管道上,均应安装区域阀门。

3　住院病区宜按护理单元设置区域阀门。

4　门诊、急诊、医技宜按防火分区设置区域阀门。

5　区域阀门与受控的医用气体终端应在同一楼层,并应采用防火墙或防火隔断隔离。

6　区域阀门使用侧宜设置压力表和压力传感器,且安装在带保护的阀门箱内。

7　区域阀门应设置在受控区域之外的安全区域,安装位置应靠近受控房间或区域的安全出口通道的墙壁内,并能满足在紧急情况下关断阀门的要求。

8　生命支持区域的区域阀门箱内宜预留应急气源的接驳口,接驳口型式应与应急气源接入方式一致。

6.3.3　安全阀

1　减压阀下游须设置安全阀,正压气体的储罐顶部须设置安全阀。

2　安全阀泄压管须接至室外安全处排放,可燃气体的安全阀出口需设置阻火装置。

6.3.4　减压阀

1　医用气体系统内的减压装置应采用包含安全阀的双路结构,每一路均应满足最大减压流量及安全泄放需求；减压前后均应设置压力表和过滤器。

2 不应通过调节开关阀门来替代减压装置。

3 当医用空气供应源系统合用时，各系统减压装置应独立设置，减压装置设于缓冲罐之后。

4 减压阀宜设置在气体站房内和楼栋医用气体主干管入户阀门小室内，当气体输送距离较长时，可采用气源端减压和楼栋入户减压，不宜采用楼层内分层减压。

5 若主干管有流量计量需求，计量装置宜设置在减压装置上游。

6.4 压力分配一般规定

6.4.1 医用氧气、医疗空气、氧化亚氮、二氧化碳

1 终端额定压力为 400 kPa，末端允许压力为 320～500 kPa。

2 气源压力或减压阀组出口压力宜为 420～450 kPa。

3 从气源设备出口或减压阀组出口至终端出口的压力降宜为 5%～10%，不宜超过 50 kPa。

4 气源端高压报警压力不宜大于 500 kPa，安全阀设定压力不宜大于 530 kPa。

5 气源端低压报警压力不宜小于 370 kPa，区域报警低压报警压力不宜小于 360 kPa。

6.4.2 医用真空

1 终端额定真空压力为 40 kPa，末端允许真空压力为 40～87 kPa。

2 真空泵吸入口真空压力宜为 60～87 kPa。

3 从真空泵吸入口至终端出口的压力降不宜超过 20 kPa。

4 气源端高压报警压力不宜大于 100 kPa。

5 气源端低压报警压力不宜小于 48 kPa，区域报警低压报警压力不宜小于 37 kPa。

6.4.3 氮气、器械空气

1 终端额定压力为 800 kPa，末端允许压力为 700～1 000 kPa。

2 气源压力或减压阀组出口压力宜为 850～1 000 kPa。

3 从气源设备出口或减压阀组出口至终端出口的压力降宜为 5%～10%，不宜超过 200 kPa。

4 气源端高压报警压力不宜大于 1 050 kPa，安全阀设定压力不宜大于 1 100 kPa。

5　气源端低压报警压力不宜小于 750 kPa，区域报警低压报警压力不宜小于 650 kPa。

6.5　流量及管径

6.5.1　流量计算

医用气体系统气源或者各医疗功能单元的流量计算可按公式(4.3.1)计算。

6.5.2　分区、分段计算

1　楼层内水平方向分段：根据重要性、功能归类进行分区，应提高终端（床位、仪器）同时使用系数，峰值流量计算同时使用系数宜按 1 取值。

2　楼层竖向分区：根据各楼层功能归类，以提高终端（床位、仪器）同时使用系数。

6.5.3　管径设计

1　末端支管管径按不小于终端额定流量的 1.2 倍计算，通常情况下进入医疗用房的真空支管管径不应小于 DN15，正压支管管径不应小于 DN10。楼层水平支干管管径按水平方向分段流量计算，通常情况下真空支干管管径不宜小于 DN20，正压支干管管径不宜小于真空 DN15。

2　竖向干管管径按楼层竖向分区逐层叠加计算，总管管径按所有分区流量叠加或全域终端统计值计算。有平急结合要求的区域，管径计算宜按最不利因素考虑。

3　氧气管道推荐经济流速为 4～6 m/s，压缩空气管道推荐经济流速为 4～8 m/s，真空管道推荐经济流速为 10～15 m/s，低温液体管道推荐经济流速为 0.5～1.5 m/s。

6.6　设计压力

6.6.1　0.4 MPa 正压气体

0.4 MPa 正压气体管道的设计压力不应低于 0.8 MPa。

6.6.2　0.8 MPa 正压气体

0.8 MPa 正压气体管道的设计压力不应低于 1.0 MPa。

6.6.3　负压气体

负压气体管道的设计压力不应低于 0.1 MPa。

6.6.4 低温液体

低温液体管道设计压力根据低温液体储罐的工况取值，其中二氧化碳低温液体管道的设计压力不应低于 6 MPa，液氮管道的设计压力不应低于 1.6 MPa，液氧管道的设计压力不应低于 1.6 MPa。

第 7 章　监测与控制系统

7.1　一般规定

7.1.1　医用气体监测与控制系统的设计与建设除应符合相关规范要求外，还应满足医疗机构自身运行管理的需求。

7.1.2　医用气体监测与控制系统应能实现从气源到终端全系统内的气体品质和气体参数的监测，以及对气源设备安全运行的控制。

7.1.3　医用气体监测与控制系统宜结合 5G 通信和物联网技术，采用中央集中管理方式，具有在线监测、智能巡检、隐患预警、故障报警发布、专家诊断、应急预案、权限控制、数据管理、设备管理等功能，并具有友好的人机界面。

7.2　系统监测

7.2.1　监测要实现的作用

1　正常监测信号状态下，通过各类仪表监测，显示医用气体系统平稳运行的情况，为后勤管理和运维团队实现在线监测、智能巡检、数据管理、设备管理提供各种有效数据。

2　常规操作报警提示：通过发布预警信号和故障报警信号，提醒后勤保障、设备供应商、运维团队气源侧监测信号异常。主、备气源不能正常工作时，须及时进行例行维护、气体充装、故障及隐患排查等或其他所需的工程处理要求。

3　紧急操作报警提示：通过报警信号推送，提醒后勤保障、运维团队管道系统出现异常压力，须立即做出反应，及时安排专人抵达故障点，通过紧急预案，有效解除报警。

4　紧急临床报警提示：通过报警信号推送，提醒医院管理层、后勤保障、运维团队管道系统出现紧急异常压力，须立即做出反应，及时安排专人抵达故障点，通过紧急预案，有效解除报警，避免状态恶化；医护人员根据所属区域内临床情况，采取紧急临床应对预案；医院管理层知悉突发状况后，应调动医院资源，为应急预案提供必要支持。

7.2.2 医用空气系统监测

1 医用空气系统应装设指示仪表，监测并记录以下安全运行参数：

1）机组运行状态及故障指示。

2）机组运行时间。

3）气源端医用空气供应压力、一氧化碳浓度、露点温度。

4）储气罐压力。

5）空气过滤器压差。

6）区域管路气体压力。

2 为提高系统运行安全水平，加强管理和监测，应按表 7.2.2-1 的规定监测医用空气系统运行参数。

表 7.2.2-1 医用空气系统运行参数监测

监测项目	监测仪表		
	指示	积算	记录
机组本体信号	√	—	√
机组运行时间	√	√	√
露点温度	√	—	√
一氧化碳浓度	√	—	√
气源供气压力	√	—	√
过滤器压差	√	—	—
储气罐压力	√	—	—
储气罐液位	√	—	—
减压阀上游压力	√	—	—
减压阀下游压力	√	—	—
区域报警压力	√	—	√
站房环境温度	√	—	—

注：表中“√”表示需设置，“—”表示可不设置。

3 医用空气系统内报警信号的设置应符合表 7.2.2-2 的规定。

表 7.2.2-2 医用空气系统报警信号设置

报警项目	报警信号		
	故障报警	参数过高	参数过低
机组故障	√	—	—
电源故障	√	—	—
压缩机温度	—	√	—
备用机组启动	√	—	—
备用控制系统启动	√	—	—
传感器故障	√	—	—
露点温度	—	√	—
一氧化碳浓度	—	√	—
压缩机吸气口压力	—	—	√
气源供气压力	—	√	√
区域报警压力	—	√	√
站房环境温度	—	√	√

注：表中“√”表示需设置，“—”表示可不设置。

7.2.3 真空系统监测

1 真空系统应装设指示仪表，监测并记录以下安全运行参数：

1）机组运行状态及故障指示。

2）机组运行时间。

3）气源端真空压力。

4）真空罐压力。

5）细菌过滤器压差。

6）区域管路真空压力。

2 为提高系统运行安全水平，加强管理和监测，应按表 7.2.3-1 的规定监测真空系统运行参数。

表 7.2.3-1 真空系统运行参数监测

监测项目	监测仪表		
	指示	积算	记录
机组本体信号	√	—	√

（续表）

监测项目	监测仪表		
	指示	积算	记录
机组运行时间	√	√	√
气源真空压力	√	—	√
细菌过滤器（灭菌器）压差	√	—	—
真空罐真空压力	√	—	—
除污罐液位	√	—	—
区域报警压力	√	—	√
站房环境温度	√	—	—

注：表中“√”表示需设置，“—”表示可不设置。

3 真空系统内报警信号的设置应符合表7.2.3-2的规定。

表7.2.3-2 真空系统报警信号设置

报警项目	报警信号		
	故障报警	参数过高	参数过低
机组故障	√	—	—
电源故障	√	—	—
备用机组启动	√	—	—
备用控制系统启动	√	—	—
传感器故障	√	—	—
气源真空压力	—	—	√
区域报警压力	—	√	√
站房环境温度	—	√	√

注：表中“√”表示需设置，“—”表示可不设置。

7.2.4 医用氧气系统监测

1 医用氧气系统应装设指示仪表，监测并记录以下安全运行参数：

1）液氧储罐压力、液位。

2）应急备用汇流排运行状态及故障指示。

3）应急备用汇流排的钢瓶压力和输出压力。

4）过滤器压差。

5）减压阀组上下游压力。

6）区域管路气体压力。

2　为提高系统运行安全，加强管理和监测，应按表 7.2.4-1 的规定监测医用氧气系统运行参数。

表 7.2.4-1　医用氧气系统运行参数监测

监测项目	监测仪表		
	指示	积算	记录
液氧罐液位	√	—	√
液氧罐压力	√	—	—
应急备用汇流排瓶组切换	√	—	√
应急备用汇流排输出压力	√	—	√
过滤器压差	√	—	—
减压阀上游压力	√	—	—
减压阀下游压力	√	—	—
总管流量	√	√	√
总管气体压力	√	—	√
区域报警压力	√	—	√

注：表中“√”表示需设置，“—”表示可不设置。

3　医用氧气系统内报警信号的设置应符合表 7.2.4-2 的规定。

表 7.2.4-2　医用氧气系统报警信号设置

报警项目	报警信号		
	故障报警	参数过高	参数过低
液氧罐液位	—	—	√
液氧罐压力	—	√	√
液氧输出压力	—	√	√
应急备用汇流排启用	√	—	—
应急备用汇流排瓶组切换	√	—	—
应急备用汇流排输出压力	—	√	√
电源故障	√	—	—
传感器故障	√	—	—

（续表）

报警项目	报警信号		
	故障报警	参数过高	参数过低
总管气体压力	—	√	√
区域报警压力	—	√	√

注：表中"√"表示需设置，"—"表示可不设置。

7.2.5 富氧空气系统监测

1 富氧空气系统应装设指示仪表，监测并记录以下安全运行参数：

1）机组运行状态及故障指示。

2）机组运行时间。

3）应急备用汇流排运行状态及故障指示。

4）应急备用汇流排的钢瓶压力和输出压力。

5）气源端富氧空气供应压力、流量、氧气浓度、一氧化碳浓度、露点温度。

6）储气罐压力。

7）过滤器压差。

8）减压阀组上、下游压力。

9）区域管路气体压力。

2 为提高系统运行安全，加强管理和监测，应按表7.2.5-1的规定监测富氧空气系统运行参数。

表7.2.5-1　富氧空气系统运行参数监测

监测项目	监测仪表		
	指示	积算	记录
机组本体信号	√	—	√
机组运行时间	√	√	√
氧气浓度	√	—	√
露点温度	√	—	√
一氧化碳浓度	√	—	√
机组供气压力	√	—	√
机组供气流量	√	√	√

（续表）

监测项目	监测仪表		
	指示	积算	记录
储气罐压力	√	—	—
储气罐液位	√	—	—
应急备用汇流排瓶组切换	√	—	√
应急备用汇流排输出压力	√	—	√
过滤器压差	√	—	—
减压阀上游压力	√	—	—
减压阀下游压力	√	—	—
总管流量	√	√	√
总管气体压力	√	—	√
区域报警压力	√	—	√
站房环境温度	√	—	—
站房环境氧浓度	√	—	√

注：表中"√"表示需设置，"—"表示可不设置。

3 富氧空气系统内报警信号的设置应符合表7.2.5-2的规定。

表7.2.5-2 富氧空气系统报警信号设置

报警项目	报警信号		
	故障报警	参数过高	参数过低
机组故障	√	—	—
电源故障	√	—	—
压缩机温度	—	√	—
备用机组启动	√	—	—
备用控制系统启动	√	—	—
应急备用汇流排启用	√	—	—
应急备用汇流排瓶组切换	√	—	—
应急备用汇流排输出压力	—	√	√
传感器故障	√	—	—

（续表）

报警项目	报警信号		
	故障报警	参数过高	参数过低
氧气浓度	—	—	√
露点温度	—	√	—
一氧化碳浓度	—	√	—
压缩机吸气口压力	—	—	√
机组供气压力	—	√	√
总管气体压力	—	√	√
区域报警压力	—	√	√
站房环境温度	—	√	√
站房环境氧浓度	—	√	—

注：表中“√”表示需设置，“—”表示可不设置。

7.2.6 氮气、氧气、二氧化碳、氧化亚氮等气体汇流排供应系统监测

1 气体汇流排供应系统应装设指示仪表，监测并记录以下安全运行参数：

1）汇流排的运行状态及故障指示。

2）汇流排的钢瓶压力和输出压力。

3）区域管路气体压力。

2 为提高系统运行安全，加强管理和监测，应按表 7.2.6-1 的规定监测汇流排供应系统运行参数。

表 7.2.6-1　汇流排供应系统运行参数监测

监测项目	监测仪表		
	指示	积算	记录
汇流排本体信号	√	—	√
汇流排瓶组切换	√	—	√
汇流排输出压力	√	—	√
区域报警压力	√	—	√
汇流排间环境氧浓度	√	—	√

注：表中“√”表示需设置，“—”表示可不设置。

3　汇流排供应系统内报警信号的设置应符合表7.2.6-2的规定。

表7.2.6-2　汇流排供应系统报警信号设置

报警项目	报警信号		
	故障报警	参数过高	参数过低
汇流排故障	√	—	—
传感器故障	√	—	—
电源故障	√	—	—
汇流排瓶组切换	√	—	—
汇流排输出压力	—	√	√
区域报警压力	—	√	√
汇流排间环境氧浓度	—	—	√

注:表中"√"表示需设置,"—"表示可不设置。

7.2.7　医疗卫生机构应根据自身的需求,在必要时设置医用气体系统计量仪表。为便于掌握气体使用和系统运行情况,可在气源或管道主分支处设置气体计量装置;不鼓励以计费为目的设置多级计量装置。

7.2.8　医用气体内的监测、报警信号除本地显示外,还应通过通信接口传至中央监测管理系统。

7.2.9　医用气体监测和报警装置应能同时显示系统的正常运行状态和事故报警状态,并设定明确的目视指标和报警参数。

7.2.10　医用气体监测和报警装置的电路和接口设计,各装置的安装方式、安装要求,各装置的量程、精度等技术性能应符合《医用气体工程技术规范》GB 50751的有关规定。

7.2.11　医用气体监测和报警装置的供电应同时接入医疗机构的应急备用电源,并可以在断电后自启动。

7.2.12　应避免医用气体监测和报警装置的电磁场对医疗机构内医疗设备的干扰。

7.2.13　医用气体监测和报警装置应具有适当级别的电磁抗扰度等级,确保在医疗机构的电磁环境中安全运行。

7.2.14　医用气体监测报警装置在单一故障状态时,应能连续工作。

7.3 系统控制

7.3.1 控制要求

1 医用气体控制系统的最低要求应满足《医用气体工程技术规范》GB 50751、《医院医用气体系统运行管理》WS 435 的有关规定。

2 医用气体控制系统控制权限及应急预案应与监测报警信号相对应。设备制造商、运维团队、现场修理工、后勤保障、护士、医生、医院高层管理等相关涉及方按工作职能设定控制权限。

3 医用气体控制系统应考虑医疗机构规模、建设水平、项目定位、系统负载能力，以及医疗机构自身运行管理的需求，实现从气源到终端的安全运行和有效控制。

7.3.2 系统建设

1 硬件部分：传感器、控制器、电路、接口应充分考虑室内外环境条件，系统主机及操控台应考虑抗震、防火、防水要求；关键部件或设备具有冗余应急设计要求。

2 软件部分：算法简单适宜、界面友好，具备自身诊断、风险评估、专家帮助、瞬态模拟等功能，数据备份系统具有独立性。

3 电路部分：强弱电分离，避免相互干扰；系统具有统一的传输协议标准和接口规范；采用双电源供电。

第 8 章　颜色与标识

8.1　一般规定

8.1.1　医用气体系统内的设备、罐体、管道、阀门、终端组件、软管组件和压力指示仪表等，均应有耐久、清晰、易识别的标识。

8.1.2　当医用气体的管道、终端或其他相关设施安装在隐藏的装饰物背后时，装饰物表面上应有清晰的标签，指示医用气体设施安装在其内部或后面。

8.1.3　颜色与标识的一般设置规定参考《医用气体工程技术规范》GB 50751 的相关内容。

8.1.4　医用气体系统内的标识宜辅助设置电子标签。

8.2　颜色与标识

8.2.1　管道及附件

1　医用气体管道及附件的颜色与标识代号应符合表 8.2.1 的规定。

表 8.2.1　医用气体管道及附件的颜色与标识代号

医用气体名称	代号	颜色规定
医疗空气	Med Air	黑色-白色
器械空气	Air 800	黑色-白色
牙科空气	Dent Air	黑色-白色
医用合成空气	Syn Air	黑色-白色
医用真空	Vac	黄色
牙科专用真空	Dent Vac	黄色
医用氧气	O_2	白色
液氧	LOX	白色

（续表）

医用气体名称	代号	颜色规定
富氧空气	93% O_2	白色
医用氮气	N_2	黑色
液氮	LN	黑色
医用二氧化碳	CO_2	灰色
医用氧化亚氮	N_2O	蓝色
医用氧气/氧化亚氮混合气体	O_2/N_2O	白色-蓝色
医用氧气/二氧化碳混合气体	O_2/CO_2	白色-灰色
氦气/氧气混合气体	He/O_2	棕色-白色
麻醉废气排放	AGSS	朱紫色
呼吸废气排放	AGSS	朱紫色

2 管道的标识信息宜能反映管道的工作压力。

3 属于压力管道范畴的医用气体管道，其标识除包含常规信息外，还应按压力管道要求注明各管道的位号，位号应与施工图中压力管道特性表保持一致。

4 室外主管或区域分支主管的标识信息应能反映管道服务的建筑或功能区域的名称。

8.2.2 阀门

1 每个阀门的标识应至少包含阀门代号、气体代号、流向箭头，以及阀门所控楼栋、楼层或功能区域的名称。

2 所有区域阀装置的标识都应能识别所控功能区域的名称。

3 减压阀标识除包含常规信息外，还应标识上、下游压力设定值。

4 属于压力管道范畴的阀门，其标识除包含常规信息外，还应按压力管道要求注明各阀门的位号，位号应与施工图中阀门特性表保持一致。

8.2.3 设备、罐体

1 设备、罐体的标识应具有中文名称、设备代号和设备位号等信息，并与施工图中机房详图保持一致。

2 除张贴常规标识外，宜增加基本信息，并结合巡检、维保，将设备信息纳入医疗机构的设备管理或后勤管理信息系统。

第 9 章　相关设计配套及措施

9.1　土建设计配套

9.1.1　医用气体机房的布置除满足医院整体规划和医疗工艺要求外，还应符合消防、卫生防疫、环境保护、建筑节能等专项要求。

9.1.2　液氧站宜露天布置，液氧站周围宜设置围墙或栅栏，液氧站及液氧接口下方周边 5 m 范围内不应有可燃物和沥青路面，且不燃材料地面长度不应小于液氧槽车充装时所占用地范围。液氧站与相关建筑、道路的防火间距应满足《医用气体工程技术规范》GB 50751 和《建筑设计防火规范》GB 50016 的规定。

9.1.3　医用分子筛制氧机房应按独立单层建筑设置，应满足泄压要求，并按乙类厂房的要求考虑消防间距和建筑的耐火等级，符合《建筑设计防火规范》GB 50016 和《氧气站设计规范》GB 50030 的规定。机房内各工艺相关的毗连房间之间，应采用耐火极限不低于 2.0 h 的不燃烧体隔墙和甲级防火门窗进行分隔。

9.1.4　空压机房和真空泵房一般独立设置或设于医院建筑内部，其火灾危险性类别为丁、戊类。除空压机房和真空泵房外，其他医用气体机房不得设于地下室或半地下室内。

9.1.5　空压机、真空泵、制氧机等设备与基础之间应采取有效的隔振、减振措施；设备机房的门窗宜采用隔声门窗，对于降噪要求较高的场所，机房内部应采取吸声、隔声措施。

9.1.6　汇流排间应防止阳光直射，地坪防滑、耐磨，采用不发火地坪。汇流排间设于建筑内部时，应靠外墙设置，并采用耐火极限不低于 2.0 h 的不燃烧体隔墙和甲级防火门与建筑内的其他部分隔开，远离火种和热源。对于输氧量超过 60 m^3/h 的氧气汇流排间，宜布置成独立建筑物；与其他建筑物毗连时，其毗连的建筑的耐火等级不应低于二级，并应采用耐火极限不低于 2.0 h 的无门、窗、洞的不燃烧体隔墙与该建筑隔开。

9.1.7 汇流排间及气瓶库内气瓶应按空瓶区和实瓶区分区存放，对于运输量较大的钢瓶存放区，应设置装卸平台，气体钢瓶的搬运更换应有便捷安全的运输路线。

9.1.8 医用气体机房及储存间的门应朝室外或通道方向开启，机房布局及尺度应考虑设备吊装、检修、运管等空间需求。

9.2 机电设计配套

9.2.1 暖通空调

1 医用气体系统内的通风空调设施除满足工艺相应要求外，还应符合消防、卫生防疫、环境保护、建筑节能等专项要求。

2 医用气体机房的室内温度宜控制在 10～40℃；控制室应有空气调节设施，送入控制室的新风量应按最大班人员计算。

3 分子筛制氧机房、空压机房、真空泵房应设置独立的机械送排风系统，除满足工艺和消除余热所需的新风外，每小时换气次数不少于 6 次。

4 分子筛制氧机房、空压机房的新风应配备进气过滤器，取风口应高于地面 5 m，与建筑物的门、窗、进排气口或其他开口的距离不应小于 5 m。

5 真空泵房内应设置独立的送排风系统，应对周围环境保持负压，排风宜进行无害化处理。排风口应设置在远离医用空气吸气口、新风系统取风口、有人员办公或频繁通过的室外安全区域，最小间距不应小于 5 m。

6 汇流排间宜采用自然通风，每小时不少于 6 次；当自然通风不能满足要求时，应设置机械通风装置。

7 对于窒息性气体机房或储存间，应设置机房环境氧浓度报警装置，通风系统除满足平时通风外，还应确保发生事故时每小时换气次数不少于 12 次。

8 对于助燃、易燃气体机房或储存间，应设置机房环境氧浓度报警装置，通风系统除满足平时通风外，还应确保事故时每小时换气次数不少于 12 次，事故风机应满足电气防爆要求。

9.2.2 给排水

1 医用气体系统内的给排水设施除满足相应工艺要求外，还应符合消防、卫生防疫、环境保护、建筑节能等专项要求。

2　真空系统内的真空罐、除污罐，如设置水力冲洗装置的，给水压力不宜低于0.3 MPa，给水管上应设置防污隔断阀。

3　液环式真空泵系统的补水应根据液位进行自动控制，给水管上应设置防污隔断阀。

4　水冷式压缩机组的冷却水循环系统宜采用闭式循环系统，并设置水处理装置。

5　液环式真空泵系统的排水应经污水处理达标后排放。

6　牙科真空系统的废水宜单独收集，应经过汞合金分离装置后再接入医院污水管网，分离装置的收集器应设有容量报警装置。

7　空压机房内的冷凝水应有组织排放，含油冷凝水应收集、处理达标后排放。

9.2.3　电气

1　医用气体系统内的电气设施除满足相应工艺要求外，还应符合消防、卫生防疫、环境保护、建筑节能等专项要求。

2　医用气体系统的相关设备、电动阀门、传感器、报警装置以及控制系统的供电负荷等级，应符合《供配电系统设计规范》GB 50052 的规定，应作为特别重要负荷，设置应急备用电源。

3　空压机房、真空泵房、制氧机房的供电应采用独立配电柜与上级电网连接，医用气体系统的各供电回路不应与其他系统合用。

4　医用气体机房、控制中心、值班及维保中心应设置通信设施，重要设备区域及无人值守机房宜设置工业电视摄像头；显示屏及监视柜宜设置在医用气体集中控制室。

5　医用气体机房及站区的照明应符合《建筑照明设计标准》GB 50034 的规定，宜设置事故照明。

6　医用气体系统内的设备及管道均应有可靠的导除静电的接地装置，室外露天设备及系统内接出室外的放散管均应有可靠的防雷处理，医疗用房内的医用气体管道、供应装置均应有可靠的等电位接地措施。

7　助燃、可燃气体机房内电气设施的选型应符合《爆炸危险环境电力装置设计规范》GB 50058 的有关规定。

8　医用气体系统及其配套的水、电等公用设施，宜设置成本核算和运行分析用计量仪表，表具应具有实时、累计计量功能，并可实现数据远传。

9.3 消防设计措施

9.3.1 土建消防措施

1 液氧站内设备布置以及储罐容积应符合《建筑设计防火规范》GB 50016 的规定。液氧站周围宜设置围墙或栅栏，并应设置明显的禁火标志。

2 医用液氧储罐与医疗卫生机构内建筑的防火间距应符合《医用气体工程技术规范》GB 50751 的规定。液氧站及液氧接口下方周边 5 m 范围内不应有可燃物和沥青路面，且不燃材料地面长度不应小于液氧槽车充装时所占用地范围。

3 液氧储罐与医疗机构外建筑和道路的防火间距应符合《建筑设计防火规范》GB 50016 的规定。当间距不满足要求时，应采取可行的隔离措施。

4 医用分子筛制氧机房应按独立建筑设置，应满足泄爆泄压要求，并按乙类厂房的要求考虑消防间距和建筑的耐火等级，符合《建筑设计防火规范》GB 50016 和《氧气站设计规范》GB 50030 的规定。

5 空压机房和真空泵房一般独立设置或设于医院建筑内部，其火灾危险性类别为丁、戊类。若机组均采用无油机组，则机房定性为戊类，否则为丁类。

6 输氧量超过 60 m^3/h 的氧气汇流排间，宜布置成独立建筑物；与其他建筑物毗连时，其毗连的建筑的耐火等级不应低于二级，并应采用耐火极限不低于 2.0 h 的无门、窗、洞的不燃烧体隔墙与该建筑隔开。当输氧量不超过 60 m^3/h 的氧气汇流排设于建筑内部时，应靠外墙设置，并采用耐火极限不低于 2.0 h 的不燃烧体隔墙和甲级防火门与建筑内的其他部分隔开，远离火种和热源。

7 敷设有医用气体管道的走道吊顶，在走道两端设置通风吊平顶；医用气体管井宜每隔 2～3 层用不燃材料做防火分隔，立管在分隔层的四周留有适当间隙，管井顶部设置百叶窗与大气相通，管井底层防火检修门的下部可设置带电动防火阀的进风百叶，火灾时电动防火阀应自动关闭，医用气体管井的检修门采用丙级防火门。

8 室外氧气管道采用不通行地沟敷设时，沟上应设置不燃体盖板，沟内应采用细沙填充，避免可燃物、火花等侵入以及氧气泄漏集聚。

9 助燃、可燃气体机房的地坪应采用不发火地坪。

10 医用气体机房的门窗应采用甲级的防火门窗。

9.3.2　机电消防措施

1　液氧站区域电气设备的选择须按《爆炸危险环境电力装置设计规范》GB 50058 规定的爆炸危险区 21 区设置。液氧站内的设备及管道均应有可靠的防雷和导除静电的接地装置。

2　制氧机房内应保持良好的通风，并设置氧气泄漏浓度报警装置，与事故风机连锁，事故风机采用防爆电机，系统前端的压缩空气系统尽可能地采用无油压缩机组。

3　制氧机房内如设置氧压机间，氧压机间电气设备的选择须按《爆炸危险环境电力装置设计规范》GB 50058 规定的爆炸危险区 21 区设置，氧气储罐间按爆炸危险区 22 区设置；机房内的设备及管道均应有可靠的导除静电的接地装置。

4　氧气、氧化亚氮汇流排间内应保持良好的通风，并设置氧气泄漏浓度报警装置，与事故风机连锁，事故风机采用防爆电机；汇流排间内电气设备的选择须按《爆炸危险环境电力装置设计规范》GB 50058 规定的爆炸危险区 22 区设置；汇流排间内的设备及管道均应有可靠的导除静电的接地装置。

5　医用气体管道应严格脱脂，方法应符合《医用气体和真空用无缝铜管》YS/T 650 的规定，管道、管件内壁碳氢化合物残留量应不大于 20 mg/m^2。

6　医用氧气管道系统尽可能避免采用楼层二级减压的方式进行压力调配，避免氧气高压进户，氧气减压阀组的安全阀超压泄放应接至室外安全处。

7　医用气体管道井内宜设置氧气浓度报警装置。

8　氧气管线与可燃气体管道、电力设施的间距应符合《深度冷冻法生产氧气及相关气体安全技术规程》GB 16912 的规定。

9　氧气管道不应穿越不使用氧气的房间；当必须通过不使用氧气的房间时，其在房间内的管道上不得设有阀门、法兰和螺纹连接，并应采取防止氧气泄漏的措施。

10　火灾报警信号应同时接入医用气体集中控制中心；当在医用氧气供应系统的总管上设置火灾时可遥控关闭的紧急切断阀时，应特别提示在氧气切断供应前，须确保患者已安全中断医用氧气的使用。

11　有火灾危险、爆炸危险的医用气体机房及站区的灭火器配置类型、规格、数量、位置等要求应符合《建筑灭火器配置设计规范》GB 50140 的规定；消防用水设施应符合《建筑设计防火规范》GB 50016 的规定。

9.4 抗震设计措施

9.4.1 机房及设备布置

1 医用气体机房、站区的结构工程设计应满足当地抗震设防标准。

2 主体建筑内部设置的医用气体机房不应跨越主体结构的抗震缝。

3 压缩机、真空泵等设备基础宜采用防震基础，基础四周宜设置限位器。

4 液氧罐、气体储罐、汽化器等高大设施应与设备基础牢固连接，并具有防倾倒措施。

5 应优先选用具有防震、抗震技术设施的气源设备。

9.4.2 管道敷设

1 室外医用气体管道埋地敷设时，应避开高坎、深坑、崩塌、滑坡地段，埋地管道上的阀门均应设置阀门井。

2 室外医用气体管道宜采用埋地敷设，当架空敷设时，其管道支架及支架基础的设计应满足当地抗震设防标准。

3 医用气体管道不应穿越抗震缝，不宜跨越沉降缝，当必须跨越沉降缝时，应在缝两侧分别设置金属柔性接头，并在沉降缝两侧设置抗震支吊架。

4 医用气体管道穿建筑物基础、地下室外墙时，应设置防水套管，套管与管道之间的缝隙采用柔性材料填充，并在穿越管道上室外就近设置金属柔性连接件。

5 医用气体管道穿建筑物内部隔墙、楼板时，应设置套管，套管与管道之间的缝隙采用柔性防火材料封堵。

6 管径≥DN25 的医用气体管道应采用抗震支吊架。抗震支吊架的设计和设置应符合《建筑机电工程抗震设计规范》GB 50981 中有关抗震支吊架的规定。

7 竖向医用气体管道高度大于 60 m 且小于 120 m 时，应设置不少于 1 个抗震支撑；大于 120 m 时，应设置不少于 2 个抗震支撑。抗震支撑之间的中间部位应设置伸缩补偿器。

8 抗震支吊架与钢筋混凝土结构应采用锚栓连接，与钢结构应采用焊接或螺栓连接。

9.5 绿色建筑措施

9.5.1 医用气体系统及相关配套措施应满足《绿色医院建筑评价标准》GB/T 51153 和《绿

色建筑评价标准》GB 50378 中所有控制项的要求。

9.5.2 独立机房的选址和室外干管穿越的地区应避开有洪涝、滑坡、泥石流等自然灾害威胁的区域。

9.5.3 液氧站、富氧空气机房、空压机房应远离有热源、火源、易燃易爆源和有化学品污染或泄漏风险的区域。

9.5.4 应对医用气体系统主机房的电耗进行计量。

9.5.5 真空系统的废气排放应设置细菌过滤器或采取其他灭菌杀毒装置，排出废气不得影响其他人员工作和生活区域。

9.5.6 输送气体为窒息性气体的机房应设置环境氧浓度报警装置；输送助燃、可燃或有毒气体的机房应设置相应气体浓度报警装置。

9.5.7 医用气体监测与控制系统除满足医疗工艺需求外，还应能对系统内设备、设施的运行情况进行监控。

9.6 建筑节能措施

9.6.1 机房建筑本体及辅助配套机电系统的节能，应符合《公共建筑节能设计标准》GB 50189 的有关规定。

9.6.2 医用空气系统的空压机宜采用同一机型，宜选用无油变频设备，应合理设置机组台数和缓冲装置，避免机组频繁启停。

9.6.3 应合理设置医用空气的露点温度，降低解析反吹损失。

9.6.4 液氧系统的汽化器采用水浴式汽化器，应设置温度调节装置。

9.6.5 医用空气、医用真空系统应配套较为完善的自动控制装置，机组运行和自动调节应匹配负荷波动工况和压力控制要求。

9.7 环境保护措施

9.7.1 真空系统的废气应有组织排放，并设置细菌过滤器或采取其他灭菌杀毒装置进行废气处理。

9.7.2 液环式真空泵系统的排水应经污水处理达标后排放。

9.7.3 牙科真空系统废水排出端应设置汞合金分离装置。

9.7.4 空压机房内的冷凝水应有组织排放，含油冷凝水应处理达标后排放。

9.7.5 真空系统内的残液、污物、过滤器废弃滤芯应按感染性医疗废弃物处理。

9.7.6 医用气体机房应有隔声、降噪措施，噪声控制应符合《声环境质量标准》GB 3096 的有关规定。

9.7.7 空压机、真空泵等气源设备应优先选用低噪声设备，设备与基础之间应采取有效的隔振、减振措施，振动控制应符合《隔振设计规范》GB 50463 的有关规定。

9.7.8 分子筛制氧系统的放散管应设置消声器。

9.7.9 风冷型空压机的送排风段均应设置消声装置。

9.8 卫生防疫措施

9.8.1 医用气体管道应选用安全优质的管材、合理的安装方式，并符合卫生学要求。

9.8.2 感染楼或呼吸病区的医用真空系统应独立设置，且机房应设于污染区内。

9.8.3 当真空系统采用液环式真空泵时，其排水应经污水处理达标后排放。

9.8.4 真空系统的废气排放应设置细菌过滤器或采取其他灭菌杀毒装置，且不应产生二次污染。

9.8.5 真空系统排气口应设置在远离医用空气吸气口、新风系统取风口、有人员办公或频繁通过的室外安全区域，最小间距不应小于 5 m。

9.8.6 真空泵房相对于周围环境应保持负压，排风宜进行无害化处理。

9.8.7 空压机进气管应配备进气过滤器，其进气口应设置在远离医疗空气限定的污染物散发处的场所；空气源进气口应符合洁净吸气的要求，应避开污染源，如通风系统排气口、燃烧废气烟道口、吸引废气排气口、冷却塔等。

9.8.8 当空压机进气口设于室外时，进气口应高于地面 5 m，且与建筑物的门、窗、进排气口或其他开口的距离不小于 5 m。

9.8.9 当空压机进气口设于室内时，医疗空气供应源不得与医用真空汇、牙科专用真空汇，以及麻醉废气排放系统设置在同一房间内。

9.8.10 真空系统内的残液、污物、过滤器废弃滤芯应按感染性医疗废弃物处理。

9.9　劳动安全措施

9.9.1　真空系统内的细菌及病毒灭杀装置应易于维护，更换的过滤器滤芯应按医疗废弃物由专职人员、专业机构处理。

9.9.2　真空系统内的真空罐、除污罐应设置液位指示和排污阀，收集的污物应按医疗废弃物由专职人员、专业机构处理。

9.9.3　医用气体机房及罐区应设有安全便利的运输和检修通道，并在显著位置张贴安全标识、安全告知牌。

9.9.4　汇流排间内气体钢瓶存放应设有防倾倒措施，搬运过程中应具有防撞击、防倾倒措施。

9.9.5　氮气、二氧化碳、氧化亚氮、氦气等泄漏容易引发窒息，存放气体的机房内应具有良好的通风条件，并设置氧气浓度监测报警装置。

9.9.6　助燃、易燃气体应远离明火、电弧或其他火源。

9.9.7　氧化碳、氧化亚氮等高压液体钢瓶汇流排，应具有辅助加热或防结冰措施。低温液体管道敷设区域应设有防冻伤措施。

第 2 篇

医用气体管道系统设备选型

第 10 章　医用分子筛制氧设备产品

10.1　适用范围

医用分子筛制氧设备适用于以医疗、保健为目的，以沸石分子筛为吸附剂，用变压吸附法（Pressure swing adsorption，PSA）制取医用氧气的医用分子筛设备（以下简称“制氧设备”）。

10.2　产品的结构和组成

多人用制氧设备至少应由气源、分子筛吸附分离装置、控制装置、氧气流量检测装置和产品气滤器等部分组成。

10.2.1　空气压缩机

提供吸附时所必需的气体压力及用于分离氧气的原料（空气）。

10.2.2　空气预处理

主要包括气体降温、除水、过滤等功能。

10.2.3　气体控制阀

由空气压缩机加压并经过空气预处理系统处理后的加压空气，由控制阀按照一定的控制逻辑，对分子筛吸附塔进行周期性的加压、排气。

10.2.4　分子筛吸附塔

在一个密闭空间内，密实地填充沸石分子筛，利用分子筛对气体的选择性吸附特性，分离空气中的氮气、二氧化碳与氧气。

10.2.5　监控系统（如适用）

操作气体控制阀，按照预先设定的工作流程，实现变压吸附。通过一系列传感器、电路系统，实现产品的氧浓度监测、故障报警、定时等监视、报警和自动控制功能。

10.2.6 产品气处理系统

对制氧设备产生的氧气进行收集、过滤、调压、湿化等处理。

10.3 产品的工作原理

10.3.1 分子筛

分子筛是人工水热合成的硅铝酸盐晶体，根据其硅铝比不同，生成各种不同型号的分子筛。其可依据晶体内部孔穴大小吸附或排斥不同的物质分子，同时根据不同物质分子极性或可极化度决定吸附的次序，达到分离的效果，因而被形象地称为“分子筛”。

10.3.2 变压吸附原理

分子筛对于不同的气体具有不同的吸附能力，分子筛会对某一种气体具有非常强的吸附能力。同时，分子筛对其选择的气体的吸附能力与环境压力有关，环境压力越大，分子筛对其所选择的气体吸附能力越强。

10.3.3 制氧设备工作原理

制氧设备利用分子筛的工作特性，向一个装有分子筛的密闭容器内注入空气，容器内的压力会随之升高。这时，分子筛随着环境压力的升高，会大量地吸附空气中的氮气，而空气中的氧气则仍然以气体形式存在，并经一定的管道被收集起来。这个过程通常被称为“吸附”过程。当容器内的分子筛吸附氮气达到一定程度时，对容器进行排气减压，随着环境压力的减小，分子筛吸附氮气的能力下降，氮气自分子筛内部被释放，作为废气排出。这个过程通常被称为“解吸”。一般的制氧设备，为保证氧气持续稳定地产出，多采用 2 个（甚至多个）分子筛容器，通过控制，使 A 容器处于吸附过程的同时，B 容器处于解吸过程，反之亦然。制氧设备原理如图 10.3.3 所示。

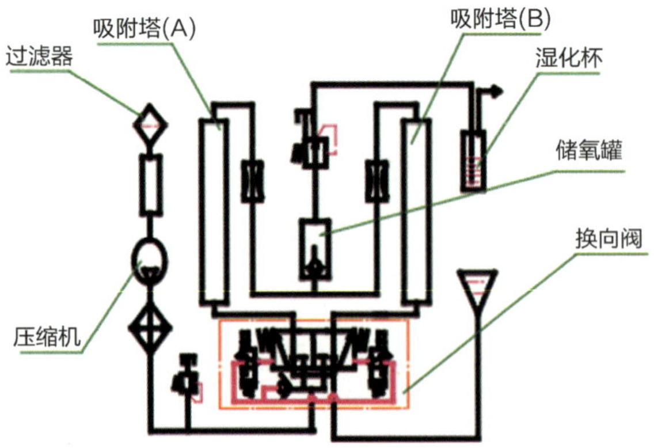

图 10.3.3 制氧设备原理图

10.4　产品适用的相关标准

医用分子筛制氧设备的性能标准可参考以下国家标准和行业标准。如国家标准、行业标准中有不适用条款，在性能标准的编制说明中应说明理由。

1 《包装储运图示标志》GB/T 191

2 《医用氧》GB 8982

3 《航空呼吸用氧》GB 8983

4 《医用分子筛制氧设备通用技术规范》YY/T 0298

5 《医用电气设备　第一部分：安全通用要求》GB 9706.1

6 《医用电气设备环境要求及试验方法》GB/T 14710

7 《医疗器械生物学评价　第 1 部分：评价与试验》GB/T 16886.1（如适用）

8 《医疗器械生物学评价　第 5 部分：体外细胞毒性试验》GB/T 16886.5（如适用）

9 《医疗器械生物学评价　第 10 部分：刺激与迟发型超敏反应试验》GB/T 16886.10（如适用）

10 《医用分子筛制氧设备通用技术规范》YY/T 0298

11 《医用电气设备　第 1—2 部分：安全通用要求并列标准：电磁兼容要求和试验》YY 0505

注：以上标准适用最新版本。

10.5　产品的预期用途

适用范围一般批准为"适用于低压医用氧气的制备"。

10.6　产品的主要风险

应按照《医疗器械风险管理对医疗器械的应用》YY/T 0316 进行分析，主要风险见表 10.6。

表10.6 医用分子筛制氧设备主要危害因素

危害类型		形成因素
能量危害	电能	保护接地阻抗、漏电流、电介质强度不符合要求
		应用部分与带电部件隔离不够
		设备插剩余电压过高
	压力	气路阻塞可能导致仪器爆炸
		仪器出氧压力过大
	振动	工作时噪声过大,不符合标准要求
生物学危害	生物不相容性	面罩、吸氧管的材料生物相容性不合格
	再感染和交叉感染	面罩、吸氧管多人交叉使用
	不能保持卫生安全性	面罩、吸氧管吸氧后的清洗消毒不合格
环境危害	存储、运行偏离预定环境	在有火源和易燃危险的环境下使用
	使用环境	有可能造成局部环境氧浓度降低
错误的能量和物质输出	电能	产品电气安全性不合格
	医用气体供应	供应氧气的纯度不符合标准要求
		供应氧气的微粒物含量、二氧化碳含量等方面超标
医疗器械使用	不适当的操作说明	对配套用湿化杯、吸氧管等附件选用的规范不适当
		使用说明书过于复杂
		日常使用维护规范不适当
	由未经培训的人使用	多发生于家庭使用,如不对症、剂量不正确等
	对副作用的警告	对不科学吸氧的警告不充分
	一次性使用器械的警告	一次性吸氧面罩和吸氧管警告不适当,引起再使用
	不正确的计量	吸氧的流量计不准确,导致吸氧量错误
不适当的使用接口	复杂的控制系统	控制系统过于复杂导致家庭使用操作的失误
不适当的维护,功能失效	器械寿命的终止缺少适当的决定	分子筛未定期更换

10.7 产品的主要技术性能指标

产品主要技术性能指标的审查,可以通过审查注册产品标准进行。注册产品标准的审查是产品主要性能审查中最重要的环节之一。

本部分给出需要考虑的产品主要技术性能指标，部分性能指标给出定量要求，其他性能指标因要求不统一或不是强制要求而未给出定量要求。

10.7.1 外观

1 面板上的图形符号和字母应准确、清晰、均匀，不得有划痕。

2 制氧设备外表面涂层应均匀，不得有气泡、脱层或明显划痕。

10.7.2 制氧设备所制的产品气的理化指标

1 氧浓度 90%～96%(V/V)。

2 水分含量≤0.07 g/m^3。

3 二氧化碳含量≤0.01%(V/V)。

4 一氧化碳含量应符合《医用及航空呼吸用氧》GB 8982 的规定。

5 气态酸和碱含量应符合《医用及航空呼吸用氧》GB 8982 的规定。

6 臭氧及其他气态氧化物含量应符合《医用及航空呼吸用氧》GB 8982 的规定。

7 氧气应无气味。

8 固体物质粒径≤10 μm。

9 固体物质含量≤0.5 mg/m^3。

10.7.3 气密性

所有坚固件连接应牢靠，不得有任何松动，各种管路、管汇及阀门排列应整齐，其连接处不得漏气。

10.7.4 噪声

1 制氧设备的噪声不大于 85 dB(A)(适用于大型制氧设备)。

2 制氧设备的噪声不大于 60 dB(A)(适用于家用制氧设备)。

10.7.5 制氧设备开机后，所有电、气动阀以及压力表、指示灯均应工作正常，并有氧气输出。

10.7.6 氧产量及氧浓度

制氧设备开机 30 min，其氧产量应达到设计要求，氧浓度应≥90%。

10.7.7 指示灯及按钮(除以文字数字显示外)的颜色要求

1 当制氧设备发生故障时，应使用连续红灯向操作人员报警。

2 红灯闪烁表示紧急情况，操作人员应立即采取措施。

3 黄灯是在需要提醒注意或需要重新检查，或意外的滞后等情况下使用。

4　绿灯表示制氧设备启动前的准备工作已完成，或表示制氧设备正处于正常运行状态。

5　蓝灯仅建议在显示器上使用。

10.7.8　压力容器上的铭牌至少应标明生产厂厂名、合格证号、出厂日期和工作压力，并应提供经劳动部门认可合格的《压力容器质量证明书》。

10.7.9　吸氧面罩、吸氧管(如有)

1　如为自制产品

1）应有尺寸的要求。

2）应有材料的要求。

3）应按照《医疗器械生物学评价》GB/T 16886 系列标准进行生物学试验。

2　如为外购产品

应购买已取得医疗器械产品注册证的产品，并且明确所使用吸氧面罩、吸氧管的规格。

10.7.10　安全性能

应符合《医用电气设备　第一部分:安全通用要求》GB 9706.1 的要求。

10.7.11　环境试验

应符合《医用电气设备环境要求及试验方法》GB/T 14710 的要求。

注:《医用及航空呼吸用氧气检验方法》GB/T 8986—1988 已被《医用氧》GB 8982 和《航空呼吸用氧》GB 8983 代替。

10.8　产品的检测要求

10.8.1　外观、电气动阀及压力表、指示灯工作情况、铭牌标记，采用目测法检测。

10.8.2　氧气理化指标

1　氧浓度

氧气的取样应在产品气过滤器的出口端采集，在一个出氧周期内采集 3 次，取样气浓度的均值。按《医用及航空呼吸用氧》GB 8982 检验方法进行。

2　水分含量

氧气中水分含量的测定采用露点法，按《气体分析　微量水分的测定　第 2 部分:露点法》GB 5832.2 的规定进行，在温度 20℃和 101.3 kPa(760 mmHg)的气压下。

3　二氧化碳含量

按《医用及航空呼吸用氧》GB 8982 检验方法进行。

4　一氧化碳含量

按《医用及航空呼吸用氧》GB 8982 检验方法进行。

5　气态酸和碱含量

按《医用及航空呼吸用氧》GB 8982 检验方法进行。

6　臭氧及其他气态氧化物含量

按《医用及航空呼吸用氧》GB 8982 检验方法进行。

7　气味

按《医用及航空呼吸用氧》GB 8982 检验方法进行。

8　固体物质粒径

按《医用及航空呼吸用氧》GB 8982 检验方法进行。

9　固体物质含量

按《医用及航空呼吸用氧》GB 8982 检验方法进行。

10.8.3　气密性

将制氧设备管路系统逐渐加压至设计压力的 1.05 倍，保压 10 min，再逐渐降至设计压力，然后用皂水检漏法检查系统管路、阀门和连接处，不应有气泡出现。

10.8.4　噪声

将声级设计放置在离制氧设备前、后、左、右 1 m 的位置，高度为制氧设备中心的水平面位置。

10.8.5　氧产量及氧浓度

制氧设备开机 30 min 后，测量此时的氧产量和氧浓度。测定氧产量所用的仪器为转子流量计，精度不低于 1.5 级。

实测状态下测得的氧产量应换算成标准状态下的氧产量，按公式(10.8.5)计算：

$$Q_{SH}=Q_S\frac{P_S\cdot T_H\cdot Z_{SH}}{P_H\cdot T_S\cdot Z_S} \tag{10.8.5}$$

式中，Q_{SH}——标准状态下的氧产量(m^3/h)；

Q_S——使用状态下流动流量计的氧产量(m/h);

T_H——标准状态下的绝对温度(K);

Z_{SH}——被测气体在标准状态下的压缩系数;

P_H——标准状态下气体绝对压力(MPa);

P_S——使用状态下气体的绝对压力(MPa);

T_S——使用状态下气体的绝对温度(K)。

10.8.6 指示灯及按钮

指示灯及按钮按《医用电气设备　第一部分:安全通用要求》GB 9706.1 中第 56.8 节的规定进行。

10.8.7 吸氧面罩、吸氧管(如适用)

1 如为自制产品

1)尺寸:通用量具测量。

2)材料:检查材质证明文件。

3)生物学试验:应按照《医疗器械生物学评价》GB/T 16886 系列标准要求进行试验。

2 如为外购产品

应检查有效医疗器械产品注册证书。

10.8.8 安全性能

应按照《医用电气设备　第一部分:安全通用要求》GB 9706.1 要求进行试验。

10.8.9 环境试验

应按照《医用电气设备环境要求及试验方法》GB/T 14710 要求进行试验。

第 11 章　医用压缩空气供应源

11.1 医疗空气

11.1.1 医疗空气机组应由进气消音装置、压缩机、后冷却器、储气罐、空气干燥机、空气过滤系统、减压装置、止回阀等组成。

11.1.2 医疗空气机组内部在单一故障状态时应能连续供气。也就是说，机组内压缩机、后冷却器、空气干燥机、空气过滤系统、减压装置等都应考虑冗余设计（即应有备用），如图 11.1.2 所示。

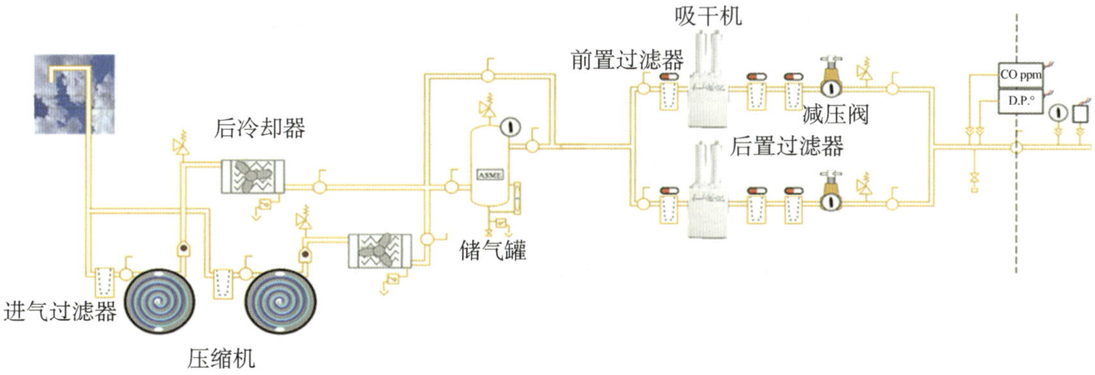

图 11.1.2　医疗空气机组冗余设计

11.1.3 机组应至少设置 1 台备用压缩机，当最大流量的单台压缩机故障时，其余压缩机应仍能满足设计流量；对于国内床位数较多的大型医院，其最大计算流量较大，而医院用气量波动较大（图 11.1.3-1），医疗气体机组应首先考虑采用多台小功率压缩机供气以满足最大设计流量。

例如：最大计算流量为 6.5 m^3/min，可有以下两种机型选择方式（以无油旋齿压缩机为例，如图 11.1.3-2 所示）。

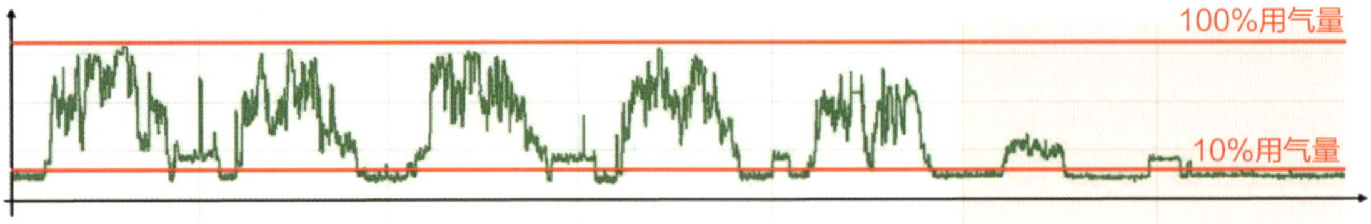

图 11.1.3-1　某医院一天用气量趋势图

1　2 台 45 kW 无油旋齿压缩机(一用一备),750 kPa 时单台压缩机流量为 6.8 m^3/min。

2　4 台 15 kW 无油旋齿压缩机(三用一备),750 kPa 时单台压缩机流量为 2.3 m^3/min。

从供气量来看,两种方式均可满足要求。但由于医院用气量波动很大且压缩机经常处于低负荷运行状态,加载时间很短。压缩机转子经常处于低温运行状态,容易产生冷凝水而影响其寿命甚至损坏。如使用含油压缩机,机头内的冷凝水会使得压缩腔内的油产生雾化而直接损坏转子(俗称转子泡水)。

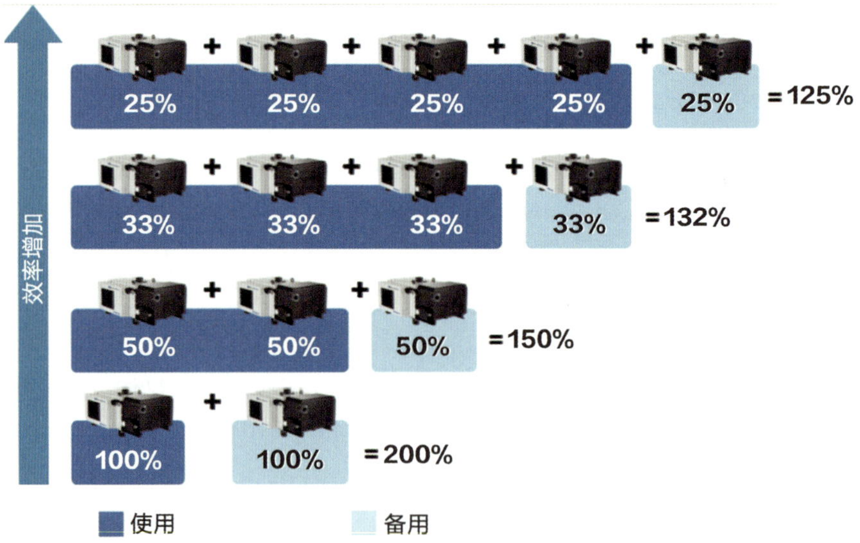

图 11.1.3-2　医疗空气机组机型选择方式

11.1.4　机组压缩机应使用无油压缩技术,机组内应使用同一类型压缩机。使用含油压缩机对医疗卫生机构管理提出了更为严格的要求,管理维护费用提高,容易导致管道系统污损、末端设备损坏等各种事故,而且患者长期吸入含油空气容易造成呼吸机肺炎,故建议医疗卫生机构使用无油压缩机。

11.1.5　机组应设置防倒流装置;压缩机之间应设置单向阀作为防倒流装置,防止正在运行的压缩机的压缩气体回流至停止运行的压缩机。

11.1.6　机组的后冷却器作为独立部件时,应至少配置 2 台。当最大流量的单台后冷却器故障时,其余后冷却器应仍能满足设计流量。除活塞机外,一般压缩机都会内置后冷却器,故无须单独配置后冷却器。

11.1.7　供应源应设置备用空气干燥机,备用空气干燥机应能满足系统设计流量要求;根据《医用气体工程技术规范》GB 50751 中对露点要求,冷冻式干燥机不能满足要求,干燥机排气露点温度应保证系统任何季节、任何使用状况下满足医疗空气品质要求(其目的是在使用时不会产生冷凝水)。冷冻式干燥机在流量较低,尤其是在额定流量的 20%以下时,干燥机水分离器中冷凝水积聚也变得缓慢而无法及时排除,这时水分离器中的空气仍可能含水量饱和,并被带入系统中造成空气压力露点温度快速上升。而吸附式干燥机是根据吸附粒子的范德华原理吸收空气中的水分,其露点温度不会随用气量变化而产生波动,因此是医院首选的干燥方式。

11.1.8　空气压缩机进气应符合下列规定(图 11.1.8):

1　进气口应设置在远离医疗空气限定的污染物散发处的场所。

2　进气口设于室外时,进气口应高于地面 5 m 及以上,且与建筑物的门、窗、进排气口或其他开口的距离应不小于 3 m。进气口应使用耐腐蚀材料,并应采取进气防护措施。

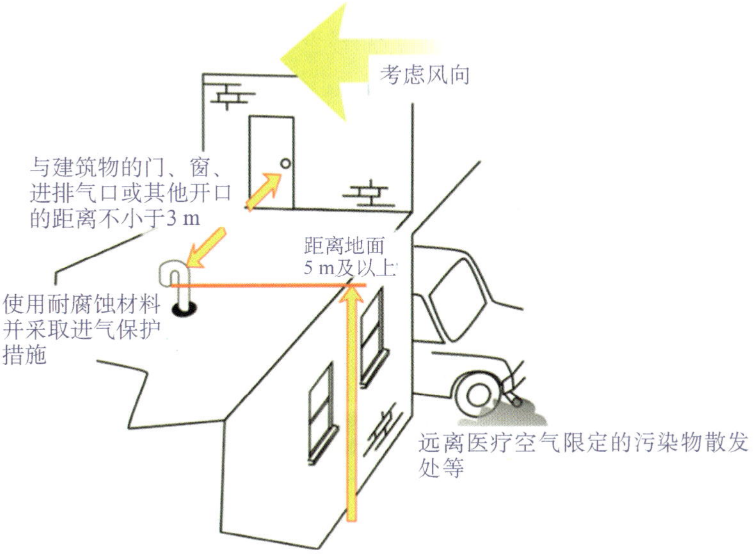

图 11.1.8　空气压缩机设置要求

3　进气口设于站房内时，医疗空气供应源不得与医用真空汇、牙科专用真空汇，以及麻醉废气排放系统设置在同一房间内。避免真空泵排气口泄漏或维护时，可能会导致医疗空气机组的进气受到污染；压缩机进气口不应设置在电机风扇或传送皮带的附近，且室内空气质量应等同或优于室外，并应能连续供应。

4　进气管应采用耐腐蚀材料，并应配备进气过滤器；保证进入压缩机的空气的洁净，非金属材料如 PVC，在高温或进气管附近发生火灾时，材料本身可能会产生有毒气体，未经防腐处理的金属管道如钢管可能会因为氧化锈蚀而产生金属碎屑。此类材料用于进气管时，有毒气体和金属碎屑可能进入压缩机及管道系统，从而影响医疗空气的品质或增加运行费用等。

5　多台压缩机合用进气管时，每台压缩机进气端应采取隔离措施，防止气体反串。

11.1.9　医疗空气过滤器应设置不少于 2 级的空气过滤器，每级过滤器应有备用。系统的过滤精度不应低于 1 μm，且过滤效率应大于 99.9%。

1　过滤系统应安装在医疗空气机组减压阀的进气侧，防止油污、粉尘等损坏减压阀。

2　过滤系统的末级可设置细菌过滤器。尽管细菌过滤器可防止花粉、孢子等致敏源对体弱患者的影响，但由于细菌颗粒大小不同，细菌过滤器的过滤精度为 0.01～0.2 μm，对于小于过滤范围的颗粒没有过滤效果，而且要求医院有很好的维护保养计划。因此，只在有条件的医院考虑设置。

3　医疗空气过滤器处应设置滤芯性能监视措施，便于维护、保养及管理。

11.1.10　医疗空气的设备、管道、阀门及附件的设置与连接应符合下列规定：

1　压缩机、后冷却器、储气罐、干燥机、过滤器等设备之间宜设置隔离阀门，便于维修时与系统隔离，防止回流至维修管道回路，不至于中断供气。

2　储气罐应设备用或安装旁通管，便于安全阀的更换与校验。

3　压缩机进、排气管宜采用柔性连接，便于施工与安装。

4　储气罐等设备的冷凝水排放应设置自动和手动排水阀门，自动排水阀门损坏时可采用手动排水阀门排水。

5　气源出口应设置气体取样口，方便取样检测气源的气体品质。

11.1.11　医疗空气供应源控制系统、监测与报警应符合下列规定：

1　每台压缩机应设置独立的电源开关及控制回路，保证控制系统单一故障时持续供气。

2　机组中的每台压缩机应能自动逐台投入运行，防止 2 台或 2 台以上压缩机同时启动时瞬时电流过大造成供电动力柜故障。

3　断电恢复后压缩机应能自动启动，防止供电意外故障导致瞬时停电（如切换至应急备用电源）。

4　机组的自动切换控制应使得每台压缩机均匀分配运行时间，保证每台压缩机的维保间隔均衡，便于医院的设备管理。

5　监测与报警的要求。

1）压缩机故障停机时，应启动故障报警；当备用压缩机投入运行时，应启动备用运行报警。

2）医疗空气供应源应设置一氧化碳浓度报警，当一氧化碳浓度超标时，应启动报警；当一氧化碳传感器浓度为 10×10^{-6} 时，误差不应超过 2×10^{-6}。

3）当医疗空气常压露点达到 -20℃ 时，应启动报警；露点传感器精度漂移应小于 1℃/年。

11.1.12　医疗空气供应源应设置应急备用电源，防止主电源因故停止供电时，导致机组长时间停止运行影响供气。

11.2　器械空气

11.2.1　医院应根据需要，设立器械空气系统。用于手术室气动工具，供应室高压消毒器气动门。如果与医疗空气源共用，会影响医疗空气的正常供应。医疗空气的供应与患者生命直接相关，而且气动医疗器械驱动时，往往对器械空气的流量与压力要求较高。

11.2.2　当器械空气由空气压缩机系统供应时，应符合下列规定：

1　器械空气供应源在单一故障时，应能连续供气。

2　器械空气供应源的设置应符合《医用气体工程技术规范》GB 50751 第 4.1.2 条的规定。

11.2.3　器械空气的过滤器应设置 2 级过滤器，每级过滤应有备用。系统过滤精度不应低于 0.01 μm，且效率应大于 98%，应安装在减压装置的进气侧；过滤器处应设置滤芯性能监视措施。

11.2.4　器械空气供应源的设备、管道、阀门及附件的设置和连接与医疗空气机组相同。

11.2.5 器械空气供应源的控制系统要求与医疗空气相同。

11.2.6 监测与报警的要求

1 压缩机故障停机时，应启动故障报警；当备用压缩机投入运行时，应启动备用运行报警。

2 当器械空气常压露点超过 -30℃时，应启动报警。

11.2.7 独立设置的器械空气机组应设置应急备用电源。

11.3 牙科空气

11.3.1 牙科空气供应源宜设置为独立的系统，且不得与医疗空气供应源共用空气压缩机。牙科供气不属于生命支持系统的一部分，故对压缩机的备用、故障情况的连续供气等要求均较低。而且牙科用气供应量往往较大(尤其是带教学功能的牙科医院)，因教学牙椅同时使用率高，宜单独配置压缩机组以避免对医疗空气的影响。因此，对于一般医院来说，建议牙科气体独立成系统。

11.3.2 牙科空气供应源应由进气消音装置、压缩机、后冷却器、储气罐、空气干燥机、空气过滤系统、减压装置、止回阀等组成。

11.3.3 牙科空气压缩机的排气压力不得小于 0.6 MPa。

11.3.4 当牙椅超过 5 台时，压缩机不宜少于 2 台，其控制系统要求与医疗空气相同。

11.3.5 牙科空气与器械空气共用系统时，牙科供气总管处应安装止回阀，防止气体回流或反串。

11.3.6 压缩机进气管应采用耐腐蚀材料，并应配备进气过滤器；多台压缩机合用进气管时，每台压缩机进气端均应采取隔离措施。

第 12 章　医用氧舱气体供应

12.1　定义

12.1.1　氧舱

氧舱是指采用空气、氧气或者混合气体等可呼吸气体为压力介质，用于人员在舱内进行治疗、适应性训练（以下统称“舱内活动”）的载人压力容器。

注：混合气体是指氧气与其他气体按照比例配制的可呼吸气体。

12.1.2　医用氧舱

医用氧舱包括医用空气加压氧舱和医用氧气加压氧舱，其含义如下：

1）医用空气加压氧舱是采用空气作为压力介质，用于进行治疗的载人压力容器，其工作压力不大于 0.3 MPa（表压，下同）。

2）医用氧气加压氧舱是采用氧气作为压力介质，用于进行治疗的载人压力容器，额定进舱人数为 1 人，其工作压力不大于 0.2 MPa。

12.1.3　氧舱范围界定

氧舱包括舱体、压力调节系统、呼吸气系统、电气系统、舱内环境调节系统、消防系统和安全附件与安全保护装置及仪表。

12.1.4　压力调节系统

压力调节系统包括气体压缩设备、配套压力容器、气体净化装置、配套管道等。

12.1.5　呼吸气系统

呼吸气系统包括呼吸气体供应装置、呼吸装置（含排放装置，下同）、加湿装置、配套管道等。

12.2 一般规定

12.2.1 医用氧舱舱内气体供应参数应符合《氧舱安全技术监察规程》TSG 24、《医用氧气加压舱》GB/T 19284 和《医用空气加压氧舱》GB/T 12130 的有关规定。

12.2.2 医用氧舱气体供应系统的管道及其附件均应符合《医用气体工程技术规范》GB 50751 第 5 章的规定。

12.3 医用空气供应

12.3.1 医用空气加压氧舱的医用空气品质应符合《氧舱安全技术监察规程》TSG 24 规定的压力介质质量要求，见表 12.3.1。

表 12.3.1 压力介质质量要求

项目	碳氢化合物[mg/(N·m^3)]	水[mg/(N·m^3)]	颗粒物	气味
质量指标	≤0.1	≤575	2 级	无

注：颗粒物等级按照《压缩空气 第 1 部分：污染物净化等级》GB/T 13277.1 划分。

12.3.2 医用空气加压氧舱的医用空气气源与管道系统，均应独立于医疗卫生机构集中供应的医用气体系统。

12.3.3 用空气加压氧舱的医用空气气源应符合《医用气体工程技术规范》GB 50751 第 4.1.1～4.1.7 条的规定，但可不设备用压缩机与备用后处理系统。

12.3.4 医用空气加压氧舱的空压机宜选用无油润滑空压机，空压机排气管出口应采用柔性连接。多人氧舱应配置不少于 2 组空压机，每组空压机的排量应满足对 1 组储气罐的充气时间不超过 2 h。

12.3.5 医用氧舱压力调节系统管路垫片应采用非石棉类材料。除医用空气加压氧舱的排放管路可采用碳钢无缝钢管外，其余管路及管路连接件应采用紫铜或不锈钢材质，阀件应采用铜质或不锈钢材质。

12.3.6 医用氧舱压力调节系统管道的加工及安装要求应符合《医用气体工程技术规范》GB 50751 第 10.2.1～10.2.13 条的规定，管道及管道元件在安装前应进行脱脂、吹扫和清洗处理。对 DN≥50 mm 的供气管道焊接接头，射线检测比例不小于 5%，射线检测技术等级不低于 AB 级，合格级别不低于Ⅲ级。

12.3.7　医用氧舱压力调节系统管道安装后，应进行表面防腐处理，并涂色和标注介质名称及流向。

12.4　医用氧气供应

12.4.1　供应医用氧舱的氧气应符合医用氧气的品质要求。

12.4.2　医用氧舱与其他医用氧气共用氧气源时，氧气源应能同时保证医疗用氧的供应参数。

12.4.3　除液氧供应方式外，医用氧气加压舱的医用氧气源应为独立气源；医用空气加压氧舱氧气源宜为独立气源。

12.4.4　医用氧舱氧气源减压装置、供应管道，均应独立于医疗卫生机构集中供应的医用气体系统；医用氧气加压舱与其他医用氧气共用液氧气源时，应设置专用的汽化器。

12.4.5　医用空气加压氧舱的供氧压力应高于工作舱压力 0.4～0.7 MPa；当舱内满员且同时吸氧时，供氧压降不应大于 0.1 MPa。

12.4.6　医用氧舱供氧主管道的医用氧气阀门不应使用快开式阀门。

12.4.7　医用氧舱呼吸气系统所提供的呼吸气体应满足额定进舱人员在舱内活动所需要最大用量和流量的要求。

12.4.8　呼吸气体质量指标(气体组成、浓度、湿度等)应符合相关医疗卫生规范或者相关标准的规定。

12.4.9　呼吸气体管道设计压力高于 0.8 MPa 的，所设置的阀门应为渐开式阀门。

12.4.10　呼吸气系统采用瓶装供气的多人氧舱应设置氧气汇流排。

12.4.11　舱内人员呼出的废气应通过呼吸气排气管路接至室外，室外排气口应高出地面 3 m 及以上并远离火源。

12.4.12　压力介质为空气的氧舱，舱内氧浓度值应不大于 23%。

12.4.13　呼吸气系统管路及管路连接件应采用紫铜或不锈钢材质，阀件应采用铜质或不锈钢材质。单人氧舱呼吸气系统的管路也可采用软管，软管材料宜选用聚四氟乙烯、聚乙烯、聚氯乙烯、聚氨酯或橡胶。密封垫片应采用铜质或聚四氟乙烯材料。

12.4.14　呼吸气系统管道的加工及安装要求应与本书第 3 篇“医用气体管道系统施工”相关要求一致。

第 13 章　真空汇供应源设备

13.1　医用真空

13.1.1　医用真空机组系统组成如图 13.1.1 所示。

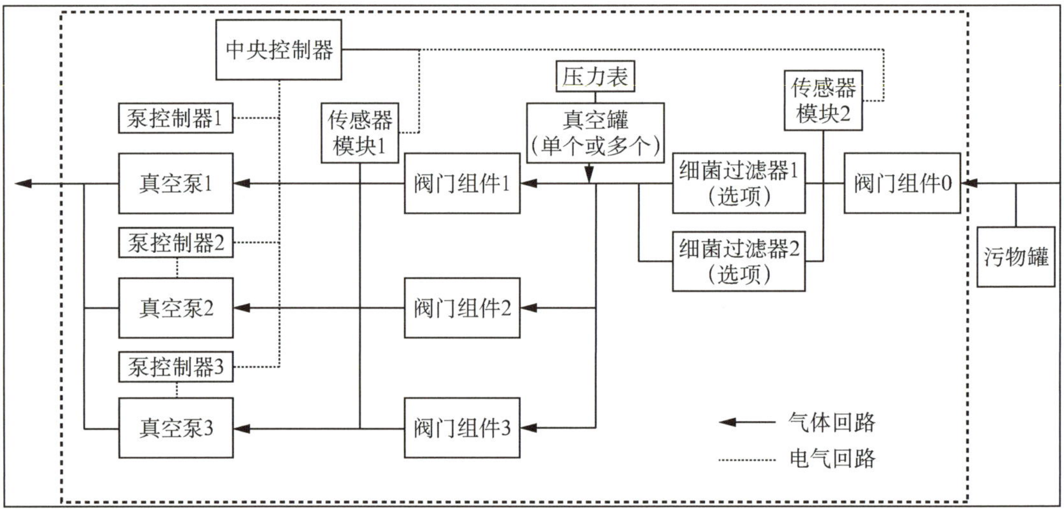

图 13.1.1　医用真空机组系统组成

13.1.2　医用真空机组由真空泵、真空罐、止回阀等组成，并应符合下列规定：

1　医用真空汇应至少设置 1 台备用真空泵，当最大流量的单台真空泵故障时，其余真空泵应仍能满足设计流量。

2　与医疗空气配置相同，建议采用多台小功率真空泵的配置。

无论是油润旋片真空系统还是无油旋齿真空系统，真空腔内的温度需要运行一定的时间才能达到额定的运行温度。除新安装系统刚开机调试外，正常运行的每台真空泵均应保持一定的温度。因此，应减少真空泵的启停频率，每台真空泵均应达到一定的加载率。这就要求根据医院用气量波动较大的特点，选择合理的真空泵功率和台数(图 13.1.2)。

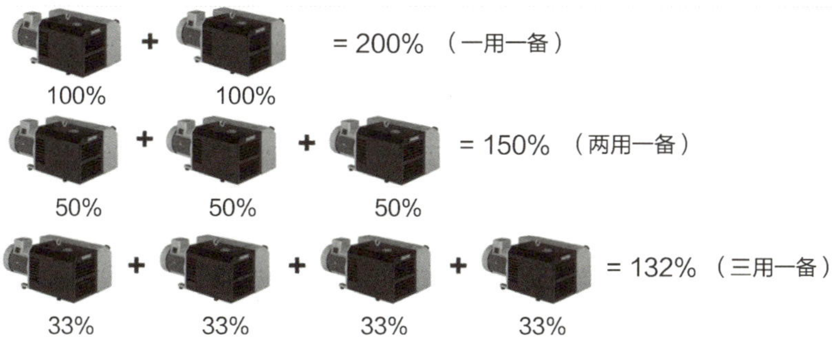

图 13.1.2　真空泵配置选择

13.1.3　医用真空汇应符合下列规定：

1　医用真空不得用于三级、四级生物安全实验室及放射性沾染场所。三级、四级生物安全试验室及放射性沾染场所如共用真空汇，极易产生交叉感染或污染。

2　实验室用真空汇与医用真空汇共用时，真空罐与实验室总集管之间应设置独立的阀门及真空除污罐，可在实验教学真空管路出现故障需要停气时不影响医用真空管路的正常供应。反之亦然。

3　独立传染病科医疗建筑物的医用真空系统宜独立设置，防止产生院内交叉感染。

4　医用真空汇在单一故障状态时，应能连续工作。系统在单台真空泵或机组任何单一支路上的元件或部件发生故障时，应能连续供应并满足最高计算流量的要求。因此，包括控制系统在内的元件、部件均应有冗余。

13.1.4　医用真空汇宜设置细菌过滤器或采取其他灭菌消毒措施。要注意，不能认为安装了细菌过滤器就能达到完全灭菌效果、解决污染和交叉感染隐患。颗粒型过滤器结构如图 13.1.4-1 所示。

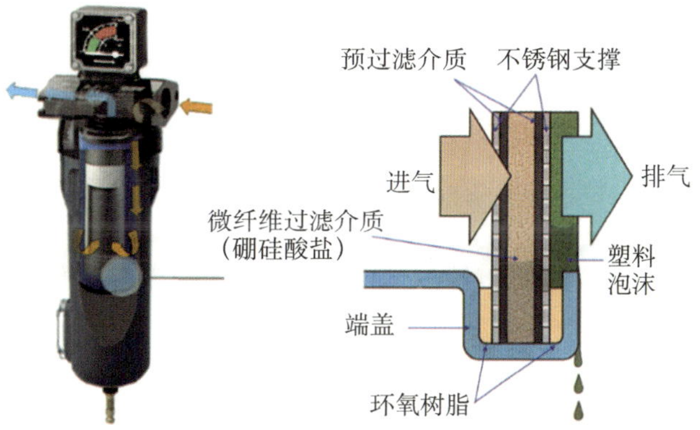

图 13.1.4-1　颗粒型过滤器结构

而不同大小的颗粒在过滤器中的每一种过滤方式的过滤效率是不同的，图 13.1.4-2 为四种过滤方式原理，图 13.1.4-3 为不同直径颗粒在不同过滤方式中的效率曲线图。

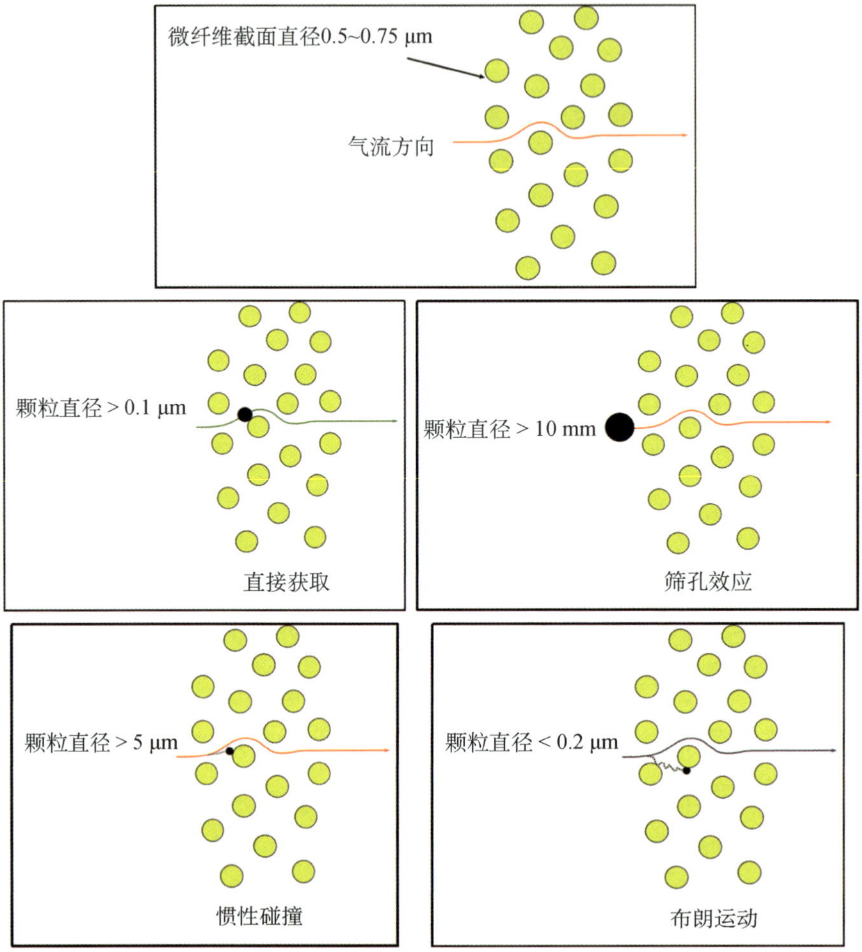

图 13.1.4-2　四种过滤方式原理

不是所有的颗粒都能在过滤器中被截获或过滤。因此，使用真空细菌过滤器未必得到较好的结果，而且增加了采购成本及运行维护成本。

如采用油润旋片技术或无油旋齿技术的真空系统，则细菌或病毒经过真空腔时，80%～90%的细菌和病毒会被杀灭。而当水环泵运行温度为 20～50℃ 时，则无法有效杀灭病毒。

当采用细菌过滤器时，应符合下列规定：

1）过滤精度应为 0.01～0.2 μm，效率应达到 99.995%。

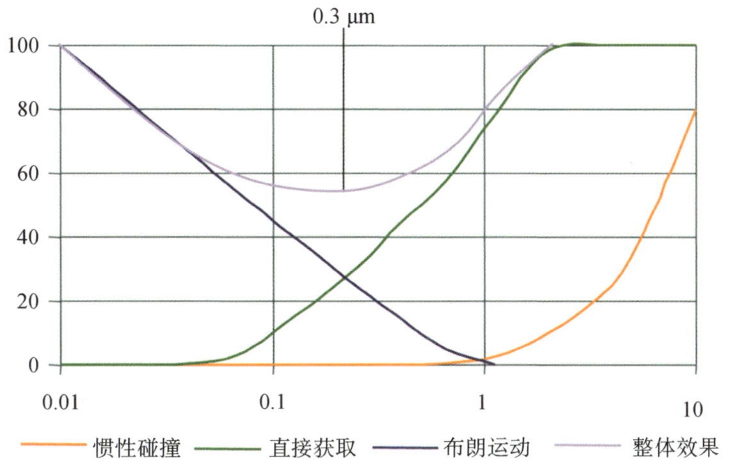

图 13.1.4-3　不同过滤器的过滤效果

2）应设置备用细菌过滤器，每组细菌过滤器均应能满足设计流量要求。

3）医用气体细菌过滤器处应设置滤芯性能监视措施，便于医院维护保养管理。

13.1.5　医用真空机组排气应符合下列规定：

1　多台真空泵合用排气管时，每台真空泵排气应采取隔离措施。

2　排气管口应使用耐腐蚀材料，并应采取排气防护措施，排气管道的最低部位应设置排污阀。

3　真空泵的排气应符合医院环境卫生标准要求。排气口应设置有害气体警示标识。

4　排气口应位于室外，不应与医用空气进气口位于同一高度，且与建筑物的门窗、新风口的距离不应少于 3 m。应采取保护措施，防止鸟虫、碎片、雨雪及金属碎屑等可能经排气管道进入真空泵导致泵体损坏。

5　排气口气体的发散应不受季风、附近建筑、地形及其他因素的影响，应采取防止排气口的气体转移至其他人员工作或生活区域的措施。医用真空机组排气如图 13.1.5 所示。

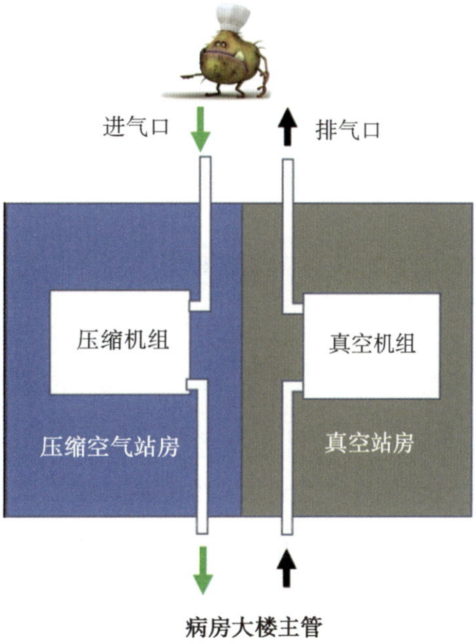

图 13.1.5　医用真空机组排气示意

13.1.6 医用真空汇的设备、管道连接、阀门及附件的设置应符合下列规定：

1 每台真空泵、真空罐、过滤器间均应设置阀门或止回阀，以便真空泵检修或维护时，机组能连续供应。真空罐应设备用或安装旁通管，真空罐应在进、出口侧安装阀门，在储气罐维护时不会影响真空供应。

2 真空罐应设置排污阀，其进气口之前宜设置真空除污罐，真空除污罐的设计压力应取 100 kPa。除污罐应有液位指示，并应能通过简单操作排除内部积液。

3 真空泵与进气、排气管的连接宜采用柔性连接，便于现场施工安装。

13.1.7 医用真空汇的控制系统、监测与报警应符合下列规定：

1 每台真空泵应设置独立的电源开关及控制回路，保证控制系统单一故障时持续供气。

2 每台真空泵应能自动逐台投入运行，防止 2 台或 2 台以上真空泵同时启动时瞬时电流过大造成供电动力柜故障。

3 断电恢复后真空泵应能自动启动。

4 自动切换控制应使每台真空泵均匀分配运行时间，保证每台真空泵的维保间隔均衡，便于医院的设备管理。

5 监测与报警的要求：医用真空汇中的主供应真空泵故障停机时，应启动故障报警；当备用真空泵投入运行时，应启动备用运行报警。

13.1.8 医用真空汇应设置应急备用电源，防止主电源因故停止供电时，导致机组长时间停止运行影响供气。

13.2 牙科真空

13.2.1 牙科专用真空汇与医用真空汇的要求与配置均不同，故二者一般不应共用。牙科用汞合金含有 50%汞，对水及环境会造成严重污染，故应设置汞合金分离装置。

牙科真空分干式真空系统和湿式真空系统，湿式真空系统中自带一套排污系统。而干式真空系统中已单独配置排污系统：

1）每台牙椅自带排污泵。

2）单独集中牙科排污至医院排污系统中。

如果直接把干式牙科真空用于湿式系统中，会造成汞合金等与水的混合物直接进入牙科真空泵，导致无法抽吸或真空泵损坏。因此，在设计牙科真空时，应注明是湿式真空系统，还是干式真空系统；如采用干式真空系统，应说明需考虑单独设置牙椅的排污系统或牙椅应自带排污泵。

13.2.2　牙科专用真空汇应符合下列规定：

1　牙科专用真空汇宜采用粗真空风机机组型式，低真空、大流量最适合牙科的应用。

2　牙科专用真空系统不得对牙科设备的供水造成交叉污染。

13.2.3　牙科过滤系统应符合下列规定：

1　进气口应设置过滤网，应能滤除粒径大于 1 mm 的颗粒。

2　湿式牙科专用真空系统的细菌过滤器应设置在真空泵的排气口。同样，细菌过滤器的阻力会影响真空泵的流量及效率，如需安装细菌过滤器，应及时对细菌过滤器进行保养（更换滤芯），以免细菌过滤器阻力过大。

13.2.4　牙科专用真空汇排气应与医用真空汇相同。

13.3　麻醉废气排放系统

13.3.1　麻醉废气排放系统应保证每个麻醉废气排放点工作时的气体流量及终端组件应用端允许真空压力损失符合表 13.3.1 的规定。

表 13.3.1　麻醉废气排放系统气体流量及终端组件应用端允许真空压力损失

麻醉废气排放系统	设计流量 (L/min)	允许真空压力损失 (kPa)
高流量排放系统	≤80	1
	≥50	2
低流量排放系统	≤50	1
	≥25	2

1　麻醉废气排放系统要求流量大、真空压力低，主要有以下三种形式：

1）粗真空系统（图 13.3.1-1）。直接通管道连接至麻醉机的废气排放口，其优点是技术成熟、运行稳定、故障率低、造价相对低廉；由于真空压较低（通常为 − 17 kPa），压降较难控制，尤其是手术室较多的医院，给麻醉废气排放管道设计带来较大的挑战。为确保系统压降满足每个手术室的使用要求，管道管径应考虑大流量情况，如每个使用点按120 L/min流量来计算管径。同时考虑每个风机所带手术间数量，麻醉废气排放终端应设有流量调节孔，保证系统中每个使用点的压力、流量平衡。

图 13.3.1-1　粗真空系统

2）高真空系统。采用该系统，在麻醉机的废气排放口应设有流量调节装置，以平衡麻醉机废气排气口处的流量和真空压力。开口式和闭口式调节阀如图 13.3.1-2 和图 13.3.1-3 所示。

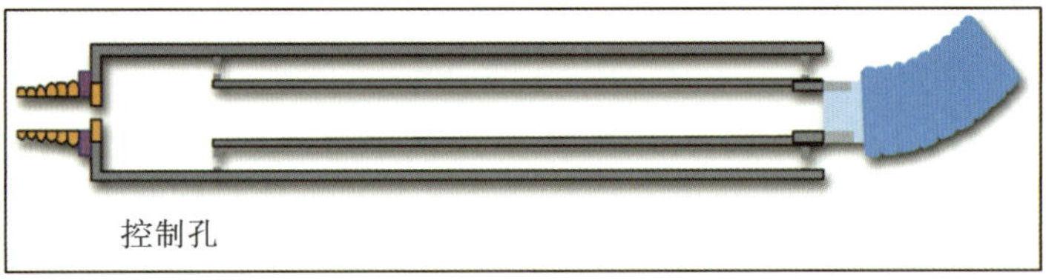

图 13.3.1-2　开口式调节阀

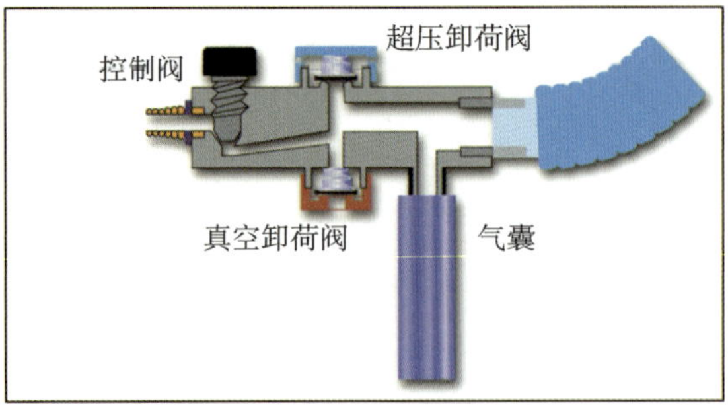

图 13.3.1-3　闭口式调节阀

3）引射式系统（图 13.3.1-4）。该系统主要是利用文丘里原理，通过压缩气体的驱动产生粗真空，引射气体可使用压缩空气或惰性气体。其缺点是终端造价相对高昂，且引射压缩空气直接排至室外，能耗较，大能效比低。需要注意的是，引射气体应尽量避免采用医疗空气，宜采用独立的压缩气体驱动，避免手术室同时使用时造成医疗空气压力波动，影响呼吸机的使用，尤其是手术室较多的医院。

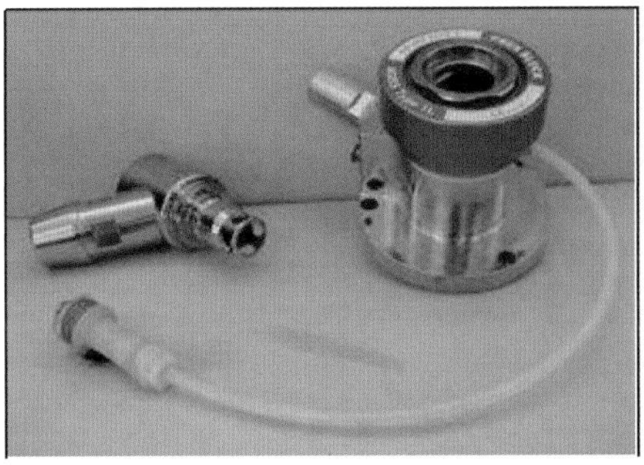

图 13.3.1-4　引射式系统

13.3.2　麻醉废气排放系统应使用无油真空技术。由于麻醉废气中往往含醚类化合物以及助燃气体氧气，真空泵的润滑油与氧化亚氮及氧气在高温环境下会增加火灾的危险，排放系统的材料若与之发生化学反应，会造成不可预料的严重后果。

13.3.3　麻醉废气排放机组应符合下列规定：

1　机组内部在单一故障状态时，系统应能连续工作。

2　机组应设置备用真空泵或风机，当最大流量的单台真空泵或风机故障时，机组其余部分应仍能满足设计流量。

3　机组应设置防倒流装置。

13.3.4　麻醉废气排放机组中设备、管道连接、阀门及附件的设置应符合下列规定：

1　每台麻醉废气排放真空泵应设置阀门或止回阀，便于真空泵检修和维护。

2　麻醉废气排放机组的进气管及排气管宜采用柔性连接，便于施工安装。

3　麻醉废气排放机组进气口应设置阀门。

13.3.5　粗真空风机排放机组中风机的设计运行真空压力宜高于 17.3 kPa，且机组不应再用作其他用途。

13.3.6　麻醉废气真空机组排气与医用真空汇相同。

13.3.7　引射式排放如与医疗空气气源共用，设计时应考虑医疗空气机组不能带太多引射式麻醉废气排放终端，否则会影响医疗空气的使用，当有超过 10 台麻醉废气排放终端时，应考虑单独选用真空吸引式麻醉废气排放泵。

13.3.8 用于引射式排放的独立压缩空气系统，应设置1台备用压缩机。当最大流量的单台压缩机故障时，其余压缩机应仍能满足设计流量。

13.3.9 用于引射式排放的独立压缩空气系统内部在单一故障状态时，系统应能连续工作。

第 14 章　汇流排供应源设备

14.1　汇流排

14.1.1　汇流排由一级减压阀、单向阀、压力开关、二级减压阀、安全阀及控制电路等组成，根据用气量和用途又可分为钢瓶高压汇流排、杜瓦罐低温气体汇流排，如图 14.1.1-1～图 14.1.1-4 所示。

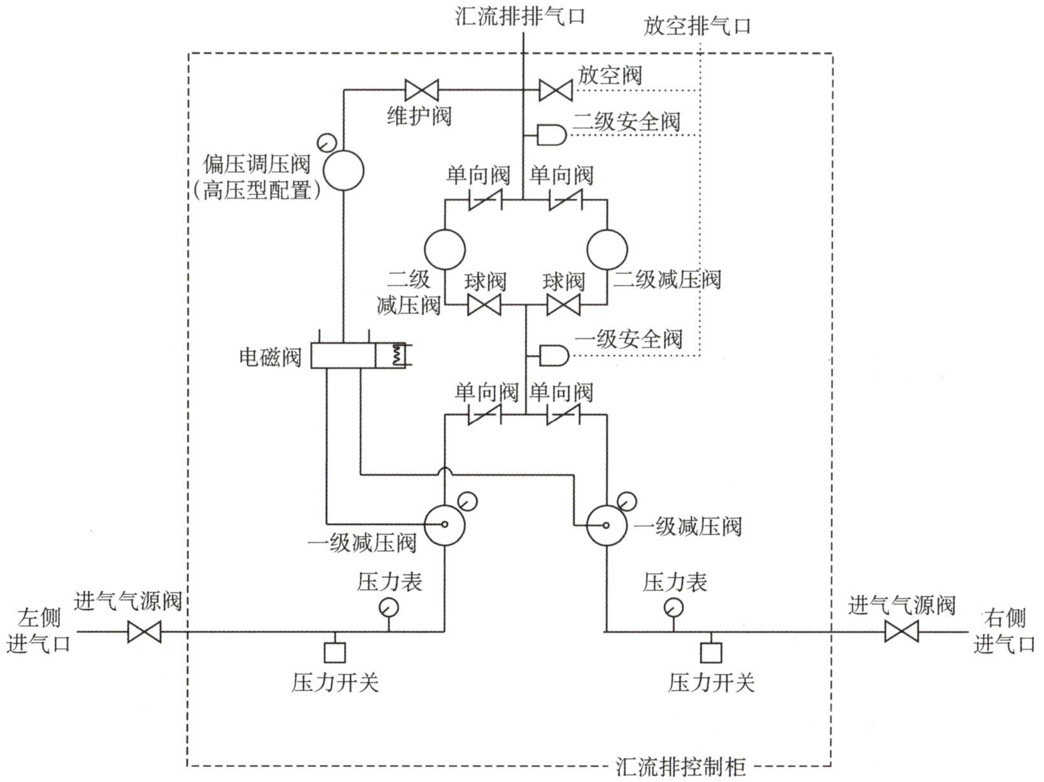

图 14.1.1-1　汇流排控制柜布局图-1

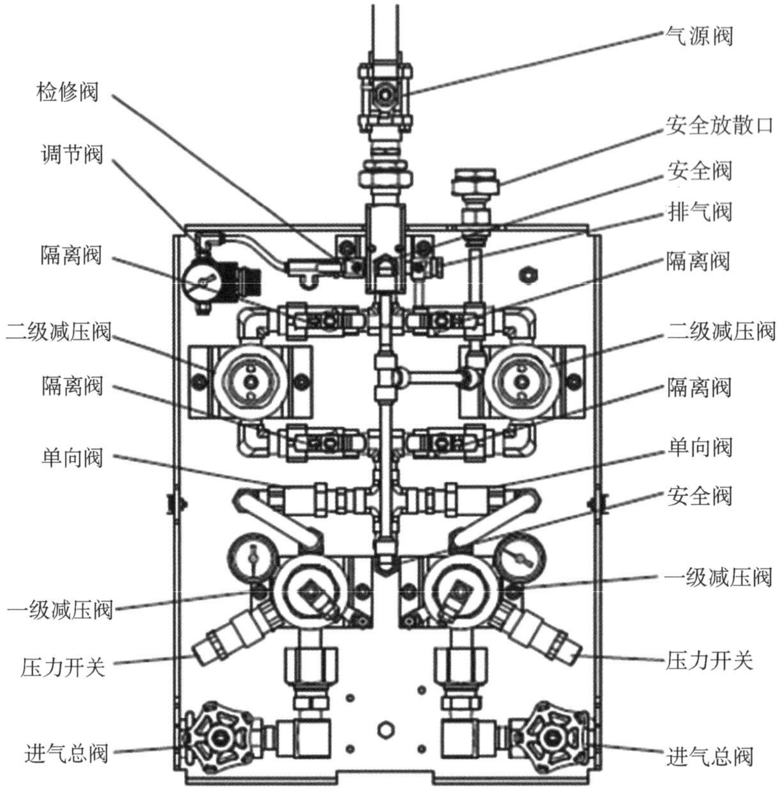

图 14.1.1-2 汇流排控制柜布局图-2

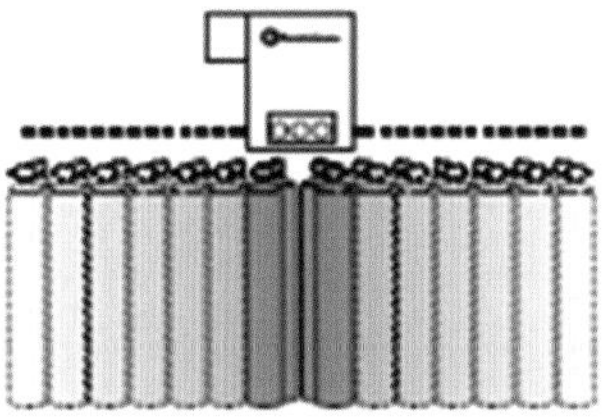

高压气体钢瓶 + 高压气体钢瓶

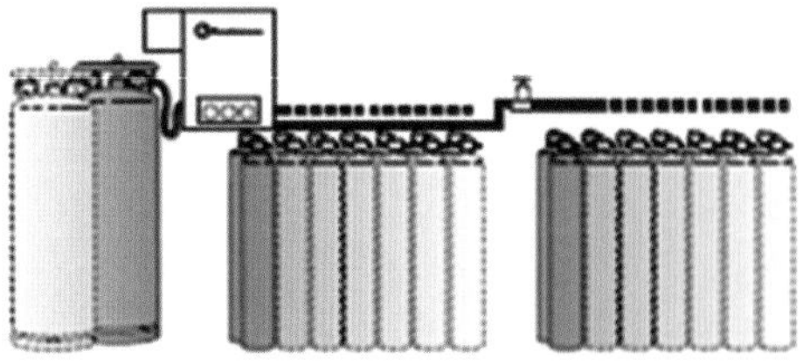

液体储罐 + 高压气体钢瓶 + 备用高压气体钢瓶

图 14.1.1-3 汇流排示意图-1

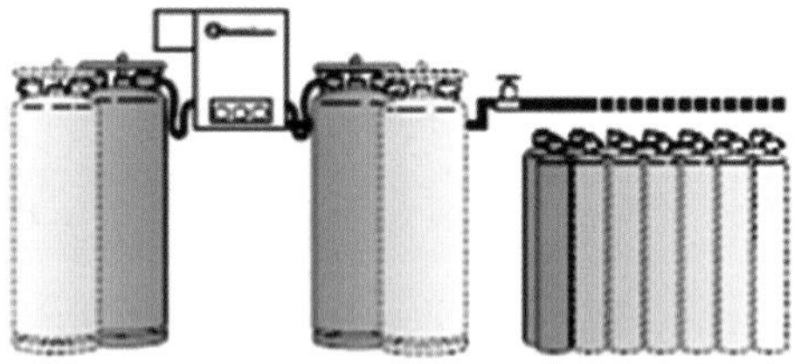

液体储罐 + 液体储罐 + 备用高压气体钢瓶

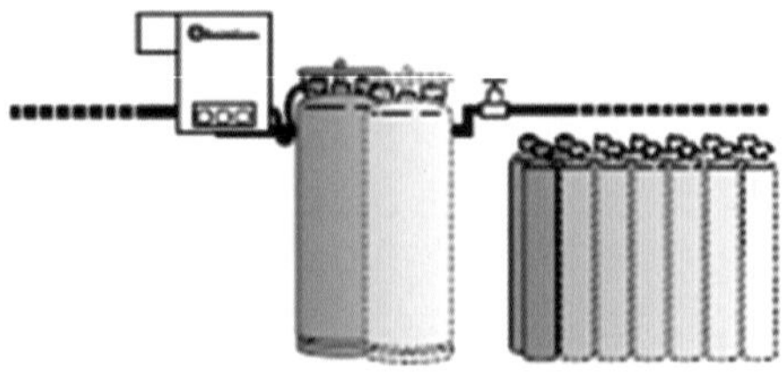

大容积液体储罐 + 液体储罐 + 备用高压气体钢瓶

图 14.1.1-4 汇流排示意图-2

14.1.2　由于高压氧气快速流过碳钢管材导致火灾的危险性较大，根据《深度冷冻法生产氧气及相关气体安全技术规程》GB 16912以及NFPA 99等国内外有关标准的规定，要求医用氧气汇流排应采用工厂制成品。

1　当医用氧气或输送氧气含量超过23.5%的气体汇流排时，高、中压段应使用铜或铜合金材料，使用其他材料可能造成火灾，包括钢瓶至汇流排杆的连接管也应采用铜管，如图14.1.2所示。

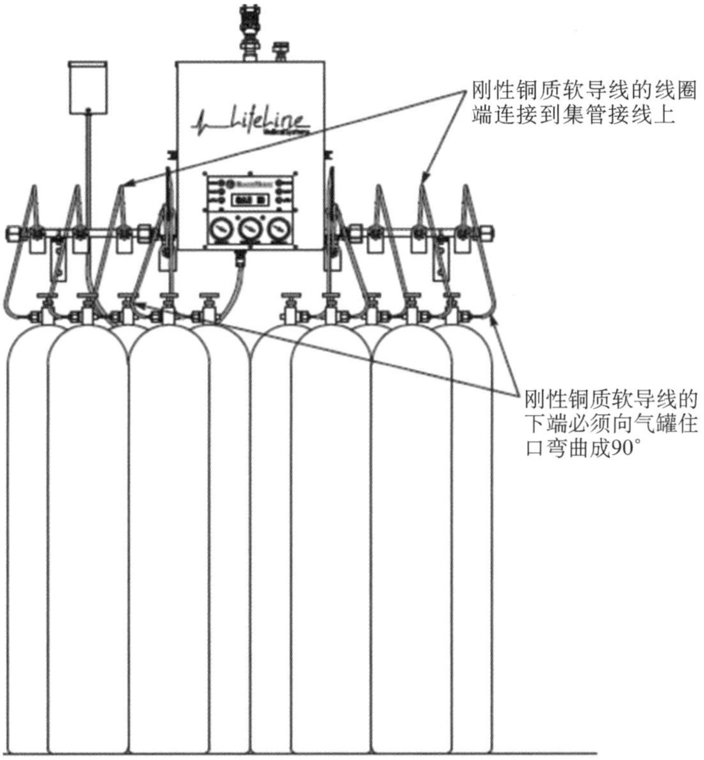

图14.1.2　汇流排与气瓶连接管示意图

2　医用气体汇流排的高、中压段阀门不应采用快开阀门。

3　医用气体汇流排应使用安全低压电源。

14.1.3　医疗卫生机构应根据医疗需求及氮气、二氧化碳、氧化亚氮、混合气体的供应情况设置气体的供应源，并宜设置能满足1周及以上且至少不低于3天的用气或储备量。

14.1.4　医用气体的汇流排容量应根据医疗卫生机构的最大用气量及操作人员班次确定。

14.1.5　医用气体的供应源应符合下列规定：

1　气体汇流排供应源的医用气瓶宜设置为数量相同的2组，并应能全自动切换使用；

每组气瓶均应满足最大用气流量。对于杜瓦罐汇流排，应注意杜瓦罐的自然蒸发率，须设置应急备用钢瓶，防止切换至第2组杜瓦罐时，杜瓦罐内的低温气体已经放空。因此，在设计杜瓦罐供应的汇流排时，需要慎重考虑实际用气量。

2 气体供应源过滤器应安装在减压装置之前，过滤精度应为100 μm。

14.1.6 由于汇流排采用低压电控制，单相电源存在电力中断风险，而医用气体汇流排供应的气体对于患者的生命保障非常重要，如果中断可能会造成严重医疗事故甚至危及患者生命。因此，汇流排的结构可能不同于一般用途的产品，在产品设计中应有特殊考虑，保证在断电或控制系统有问题的情况下，能持续供应气体，从而保障使用医用气体汇流排的气源能够在意外情况下可靠供气。

医用二氧化碳、医用氧化亚氮气体供应源汇流排在供气量达到一定程度时由于吸热量较大会有气体结冰情况出现，如不采取措施会损坏减压阀，影响气体的正常供应，造成严重后果。故应充分考虑气体供应量及环境温度的条件，一般应在汇流排机构上进行特殊设计，如防结冰减压阀或加装加热泵设计等，防止出现气体供应结冰情况。

14.1.7 医用气体汇流排设置排气放散管，且应引出至室外安全处。

14.1.8 医用气体汇流排应设置监测报警系统，并应符合下列规定：

1 汇流排钢瓶切换时应启动报警。

2 杜瓦罐或低温气体供应汇流排汇切换至应急备用气源时应启动报警。

3 应急备用气源储备量低时应启动报警。

第 15 章　医用气体报警

15.1　总则

15.1.1　安装医用气体系统监测和报警装置有四个不同的目的：临床资料信号、操作报警、紧急操作报警和紧急临床报警。临床资料信号的目的是显示正常状态；操作报警的目的是通知技术人员在一个供应系统中有一个或多个供应源不能继续使用，需采取必要行动；紧急操作报警显示在管道内有异常压力，并通知技术人员立即做出反应；紧急临床报警显示在管道内存在异常压力，通知技术人员和临床人员立即做出反应。报警系统示意图见图 15.1.1。

按检测类别又可分为气源报警和区域报警：气源报警就是对气源设备上的报警信号的监测，一般安装在维修办公室和值班室，主要目的是在气源设备出现任何故障时，通过气源报警通知相关负责人至现场处理故障；区域报警是对某一病区的气体压力进行监测，一般

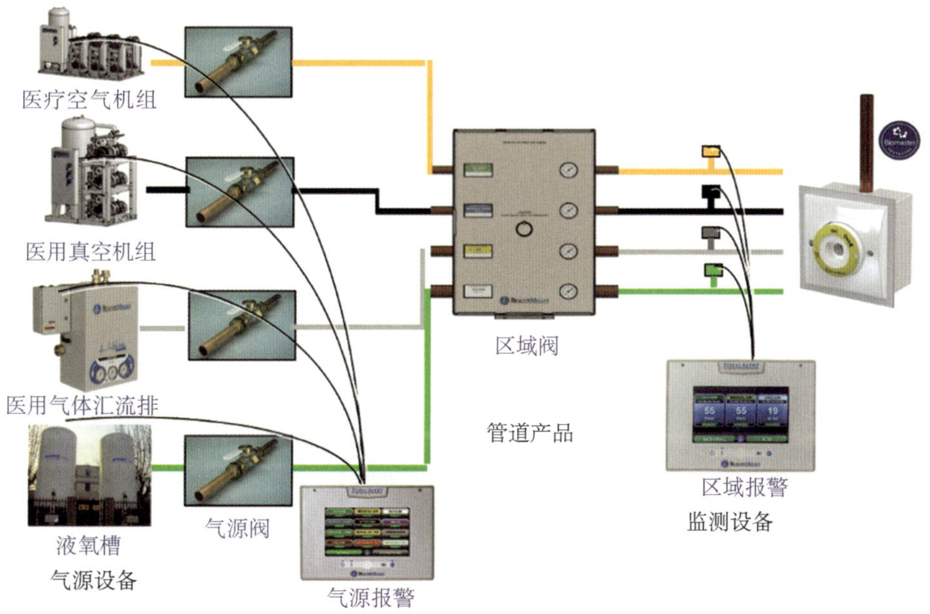

图 15.1.1　报警系统示意图

安装在护士站，其目的是当该区域气体压力出现异常时，护士长首先采取临时应急措施确保患者的用气安全，同时通知维护人员及时处理气体故障。

15.1.2 医用气体系统报警应符合下列规定：

1 除装设在医用气源设备上的就地报警外，每个监测采样点均应有独立的报警显示，并应持续直至故障解除。也就是说，气源设备的故障报警允许共用一个故障显示，如压缩机发生故障时只用一个表示压缩机故障的报警显示即可，不必具体显示发生故障的部位。

2 声响报警应无条件启动，即当某一报警被静音而又发生其他报警等情况时，声响报警应能重启。

3 报警在 1 m 处的声压级不应低于 55 dB(A)，并应有暂时静音功能；视觉报警应能在距离 4 m 视角小于 30°和 100 lx 的照度下清楚辨别。

4 报警应具有报警指示灯故障测试功能及断电恢复自启动功能，在主电源断电后应急电源自动投入运行前往往会有短暂的停电，报警应能在来电后自行启动，且不会有误报警，也不需要人工复位。

5 报警传感器回路断路时应能报警，即传感器在连线故障或显示自身故障的时候，应有相应的报警显示(也称传感器自诊断功能)，不会造成医护或维修人员错误判断为管道中气体压力故障，造成护士采取不必要的临时应急措施给患者供气。

6 每个报警器均应有明确的监测内容及监测区域的中文标识。

7 气源报警及区域报警的供电电源应设置应急备用电源。

8 压力或压差传感器的工作范围应大于监测采样点可能出现的最大压力或压差的 1.5 倍，量程宜为该点正常值变化范围的 1.2～1.3 倍。

9 独立供电的传感器应设置应急备用电源。

10 医用气体传感器的测量范围和精度应与二次仪表匹配，并应高于工艺要求的控制和测量精度。

15.1.3 医用气体系统集中监测与报警应符合下列规定：

1 监测系统的电路和接口设计应具有高可靠性、通用性、兼容性和可扩展性，关键部件或设备应有冗余。

2 监测系统软件应设置系统自身诊断及数据冗余功能。软件冗余是指采取镜像等技术，将关键数据备份等。

3 中央监测管理系统应能与现场测量仪表以相同的精度同步记录各子系统连续运行

的参数、设备状态等。

4　监测系统的应用软件宜配备实时瞬态模拟软件，可进行存量分析和用气量预测等。

5　集中监测管理系统应有参数超限报警、事故报警和报警记录功能，以及已有系统或设备故障诊断功能。

6　集中监测管理系统以不同方式显示各子系统运行参数和设备状态的当前值与历史值，并应能连续记录储存不少于 1 年的运行参数。中央监测管理系统宜兼有信息管理系统（management information system，MIS）功能，可为所辖医用气体设备建立档案管理数据，供管理人员使用。

7　监测及数据采集系统的主机应设置不间断电源。

15.2　气源报警

气源报警用于监测气源设备运行情况及总管的气体压力，为了能 24 h 连续监控气源设备的运行状况，一般气源报警器可在值班室、电话交换室或其他任何 24 h 有人员的地方安装。当气源设备处于以下不同区域时，应将不同区域的气源设备上的本地报警信号分别传送至各自独立的报警模块，便于维修人员判断：①医院设有多个医疗空气气源、器械空气气源、医用真空汇、麻醉废气排放系统且每套系统位于不同区域；②气源设备内压缩机或真空泵位于不同区域；③其他气源设备如汇流排位于不同区域。

15.2.1　气源报警应具备下列报警内容：

1　医用液体储罐中气体供应量低时应启动报警。

2　汇流排钢瓶切换时应启动报警。

3　医用气体供应源或汇流排切换至应急备用气源时应启动报警。

4　应急备用气源储备量低时应启动报警。

5　压缩医用气体供气源压力超出允许压力上限和额定压力欠压 15%时，应启动超、欠压报警；真空汇压力低于 48 kPa 时，应启动欠压报警。

6　气源报警压力传感器应安装在管路总阀门的使用侧，总管阀门关闭而气源设备仍在运行时，无法真实检测管道系统的实时压力状况。

7　气源报警器应对每个气源设备至少设置 1 个故障报警显示，任何一个就地报警启动时，气源报警上应同时显示相应设备的故障指示。

15.2.2 气源报警的设置应符合下列规定：

1 应设置在可 24 h 监控的区域，位于不同区域的气源设备应设置各自独立的气源报警器。

2 同一气源报警的多个报警器均应各自单独连接到监测采样点，其报警信号需要通过继电器连接时，继电器的控制电源不应与气源报警装置共用电源。

为了让维护人员也能及时了解气源设备的运行状况，及时处理故障，有时可在负责医用气体维护人员的办公室或机房办公区域设第二个气源报警器。这样也可在一个气源报警器发生故障时保证气源设备能持续被监控。两个气源报警器的信号线不应该通过某一个报警器或接线盒并线后连接至传感器，防止因并线处故障而造成两个报警器都不能正常工作。

有些报警信号可能无法直接连接至气源报警器而需要通过继电器转换后连接，若继电器控制电源与某一个气源报警器控制电源共用时，报警器电源发生故障会影响另一气源报警器的正常报警。

15.3 区域报警

15.3.1 区域报警用于监测某患者区域医用气体管路系统的压力，应符合下列规定：

1 应设置压缩医用气体工作压力超出额定压力 ±20%时的超压、欠压报警，以及真空系统压力低于 37 kPa 时的欠压报警。

2 区域报警器应装设置在护士站或有其他人员监视的区域，应设置医用气体压力显示，每间手术室应设置独立报警器。

3 报警器安装位置可按如下原则选择：①该区域确保 24 h 有员工值班，如护士站等地方；②区域报警应安装在易观察、听得到报警信号的位置，不能安装在门后墙上或设备上、其他阻挡物的背后以及办公室内；③如果不同科室共用了护士站，那么这些区域的报警信号可安装在同一报警面板上，并设有监测区域标识。

4 区域报警传感器应设置维修阀门，区域报警传感器不应使用电接点压力表。除手术室、麻醉室外，区域报警传感器应设置在区域阀门使用侧远端管道上。

第 16 章　医用气体终端及终端设备

医用气体终端及终端设备用于医院医用供气系统末端输出/输入气体接口。医用气体由供气气源通过管网输送至患者床旁终端设备如设备带、嵌入式设备带或设备柱上。腔镜治疗室、ICU、手术室使用的医用气体通过管网输送至医用吊塔的气体终端处，当患者需要使用医用气体治疗时，医护人员可以立即接通对应气体终端及时给患者送气。当用气结束，用于治疗的医疗设备拔出后，气体终端自动锁紧，防止气体泄漏。

16.1　医用气体终端

16.1.1　医用气体终端组件的安全性能应符合《医用气体管道系统终端　第 1 部分：用于压缩医用气体和真空的终端》YY 0801.1、《医用气体管道系统终端　第 2 部分：用于麻醉气体净化系统的终端》YY 0801.2、《医用气体低压软管组件》YY/T 0799，以及《医用气体工程技术规范》GB 50751 附录 D 的规定，与医用气体接触或可能接触的部分应经脱脂处理，并应符合《医用气体工程技术规范》GB 50751 第 5.2 节的有关规定。

16.1.2　医用气体终端结构如图 16.1.2-1 所示。

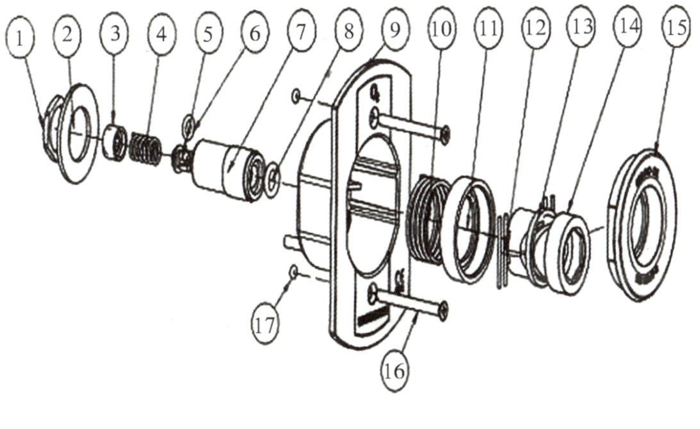

①插座拧紧螺帽
②螺帽垫圈
③通气阀调节帽
④弹簧
⑤密封圈
⑥导流芯
⑦通气阀阀体
⑧密封圈
⑨插座罩
⑩压盖弹簧
⑪弹簧罩
⑫插头卡针
⑬卡针座
⑭卡针固定罩
⑮压盖
⑯螺钉
⑰螺母

(a) 终端插座结构

(b) 终端底座结构

图 16.1.2-1　气体终端结构

常用气体终端有 EN-737 制式、德式(DIN 型)、美式(钻石型)、DISS(螺纹连接)、英式、日式等。我国目前多采用德式(DIN 型)和美式(钻石型),如图 16.1.2-2 所示。

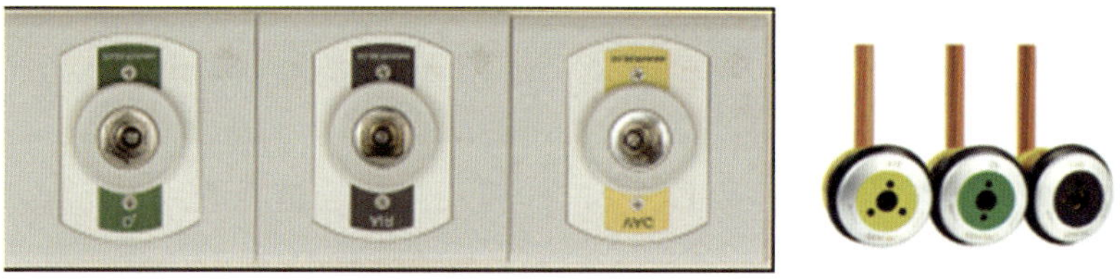

(a) 德式气体终端　(b) 日式气体终端

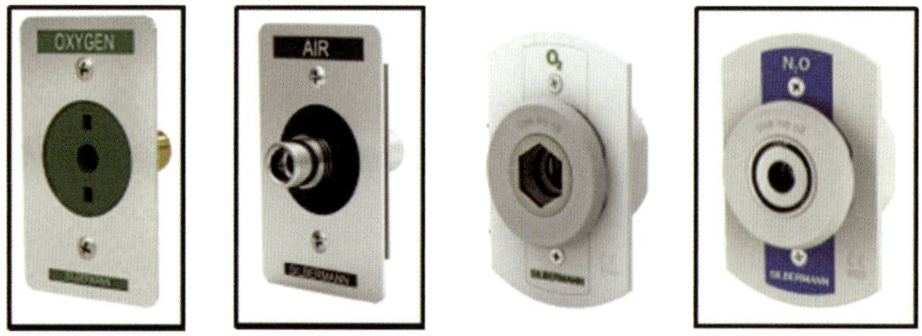

(c) 美式气体终端　(d) DISS终端　(e) EN-737制式终端　(f) 英式气体终端

图 16.1.2-2　常用气体终端

16.1.3　气体终端的安全要求

1　每种气体终端配有一个通气单向阀(在前面板里面)和一个维修单向阀(在底座里面)。

2　气体终端具有唯一性,每一个气体插头(公)对应一个气体终端(母)。

3　每个气体终端的面板后面都有一个定位销和与其相匹配的底座相连。

4　终端连接管采用医用级脱脂紫铜管焊接,管径 ϕ10,管长 175 mm。

5 每种气体终端的前面板都有一个色标，易于气体识别。

16.1.4 技术参数

1 压力和流量

1）工作压力：0.3～0.6 MPa；最大耐压：1 MPa。

2）工作压力 0.32 MPa 的条件下：200 L/min 时压降＜0.07 MPa；60 L/min 时压降＜0.015 MPa。

3）工作压力 0.64 MPa 的条件下：300 L/min 时压降＜0.07 MPa。

4）真空下负压（工作压力－0.06 MPa）的条件下：40 L/min 时压降＜0.015 MPa。

2 插头拔入力：＜50 N。

3 退出插头操作力：＜60 N。

4 终端可承受最大轴向拉力：＞600 N。

5 终端插头处（径向）可挂重：≤20 N。

6 使用温度范围：－20～60℃。

7 泄漏量：＜0.2 mL/min。

8 气口部件（除密封件外）：铜或不锈钢材料。

9 密封件耐温：＞160℃。

16.2 医用设备带、设备柱

16.2.1 设备带（柱）外形结构和功能须满足设计和使用要求，设备带（柱）安全性能应该满足《医用配供装置》ISO 11197、《医用气体工程技术规范》GB 50751 的要求。

16.2.2 外置设备带（柱）要求采用铝制一体成型，表面采用阳极氧化处理，设备带壁厚不小于 1.5 mm。设备带强电、弱电、气体管道独立分腔，满足国际电器安全标准和医用气体系统安全要求，面板采用活动扣板式设计，方便日常检修。

16.2.3 设备带（柱）上的接地端子通过导线单独连接到病房的辅助等电位接地端子上。

16.2.4 病房设备带（柱）靠床头墙壁安装，便于护士操作。设备带（柱）内部电源由病房配电箱引入设备带，配电箱至设备带部分的电线不能出现接头。

16.2.5 条带式的医用供应装置中心线的安装高度距地面宜为 1 350～1 450 mm，最佳高度为 1 400 mm。

16.2.6 设备带布局如图 16.2.6-1 和图 16.2.6-2 所示。

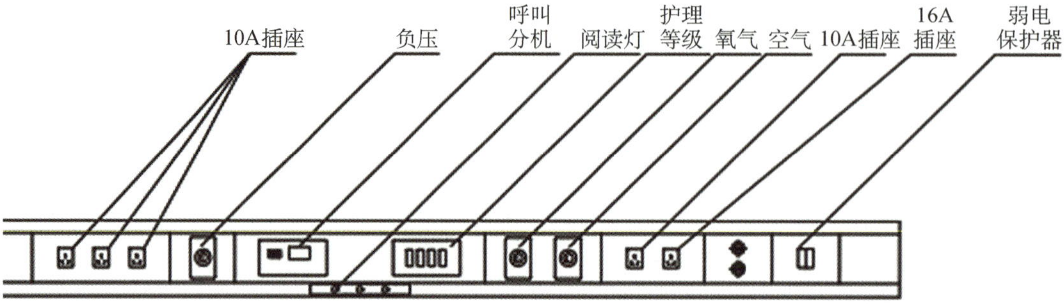

图 16.2.6-1 病房设备带布局

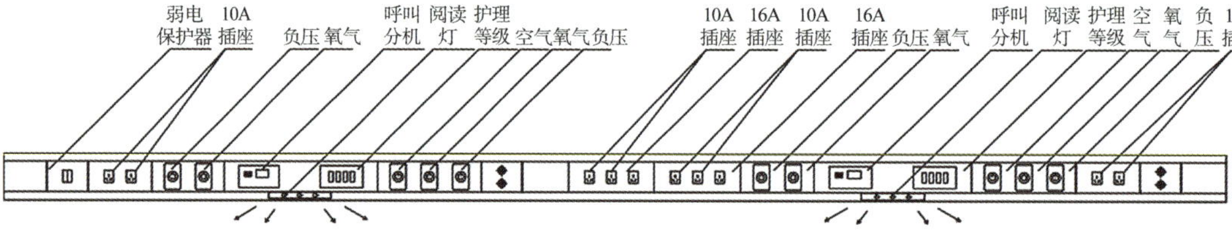

图 16.2.6-2 抢救间设备带布局

16.2.7 医疗设备带(柱)类型

1 外挂式,如图 16.2.7-1 所示。

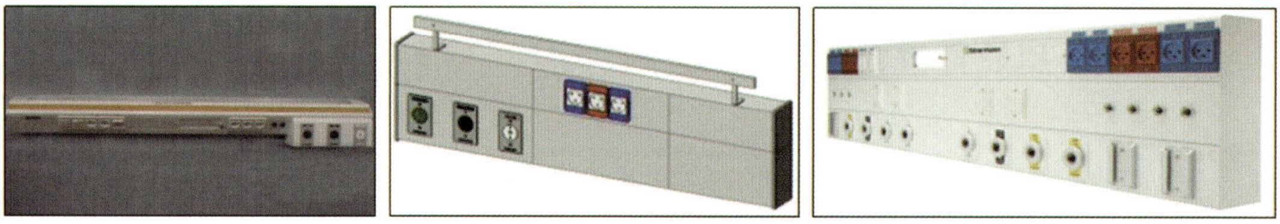

图 16.2.7-1 外挂式设备带

2 嵌入式,如图 16.2.7-2 所示。

图 16.2.7-2 嵌入式设备带

3 与室内装修配合式,如图 16.2.7-3 所示。

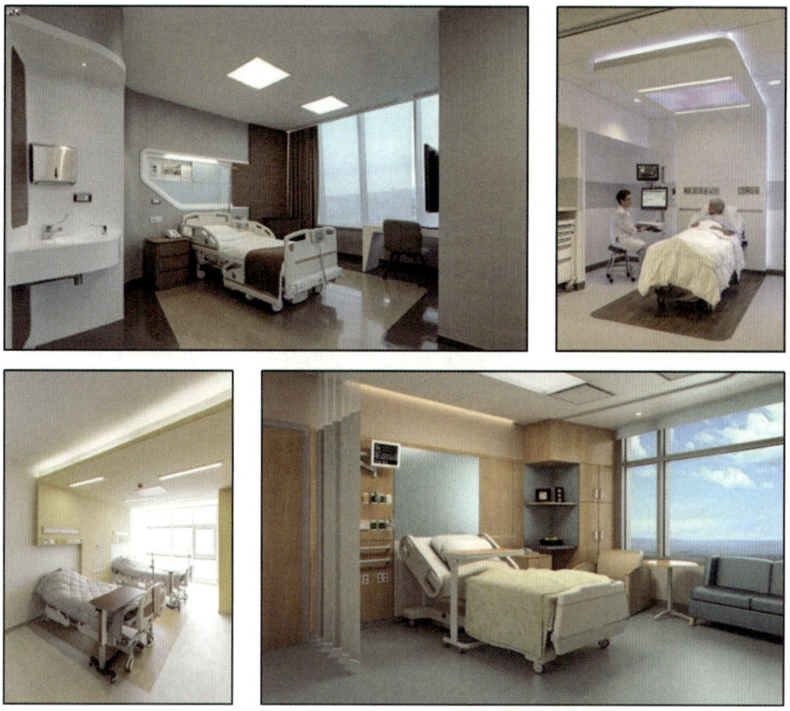

图 16.2.7-3　与室内装修配合式设备带

4　医用设备柱，如图 16.2.7-4 所示。

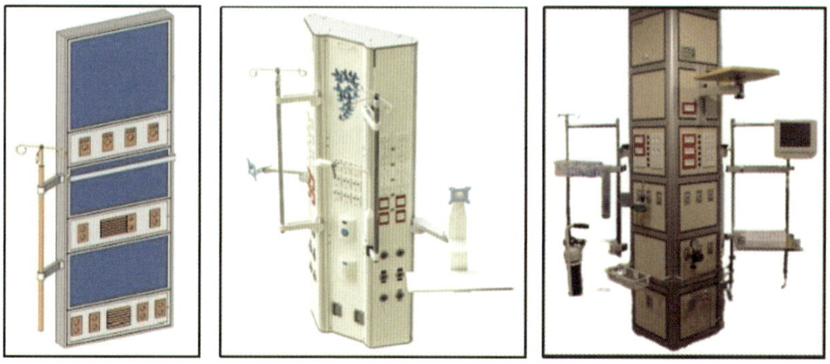

图 16.2.7-4　设备柱

16.3　医用吊塔

医用吊塔是专为医院手术和重症监护等医疗护理工作而设计的。结合高科技及人体工程学原理，降低占用空间，在患者周围形成最大范围的通道，且与其他设备连接不受限制，为医护人员抢救治疗提供方便和更大空间。

16.3.1 吊塔类型与基本配置

1 吊塔分为电动式、机械式和气动式三种类型，每种类型均有单臂和双臂之分。

2 吊塔由屋顶固定座、吊臂、功能柱、托盘和支架组成。

3 医用吊塔由不同模块组成，且有多种悬挂选择。所有附件均可进行分离、替换和扩展。

4 医用吊塔上安装有气体终端、电源插座、通信接口、接地端子、气体压力表和挂件等。

5 医用吊塔的旋转角度为 300°～340°，承载重量范围为 160～280 kg。

16.3.2 吊塔的选材

1 吊塔采用高强度铝镁合金材料，抗金属疲劳强度高，长时间承重不变形，耐腐蚀。

2 吊塔内部气体软管须采用医用级耐压软管。

3 吊塔气、电分离设计。

4 吊塔顶部有氧气泻流孔设计，保证氧气意外泄漏的顺利排出，防止出现塔内氧气蓄积并与电源线造成火灾意外。

16.3.3 桥式吊塔

桥式吊塔主要用于重症监护室，如 ICU、CCU、NICU、EICU 等病房。

1 技术参数

1）桥架式吊塔横梁长度有 2 200 mm、2 800 mm、3 100 mm、3 500 mm 可供选择。

2）桥架式吊塔产品型号多样，有吊架式、吊头式、吊柱式、带旋转臂吊柱式和三棱柱式等多种形式。

3）桥架式吊塔所有电路、气体管道内置于横梁内，通过塔体内走线连接吊头，无须另外通过其他裸露在横梁与吊头之间的管道相连接。

4）桥架式吊塔每床必须提供完整的一体化照明系统，内置于吊塔横梁中，同吊塔设备一体，节约空间。

5）桥架式吊塔间接照明灯安装位置在横梁朝天花板方向内，灯光向上照射，夜间不影响患者休息。

6）桥架式吊塔干湿区均为吊架式结构，两侧为 38 mm 直径不锈钢圆形吊管，中间为托盘，托盘前后通透，托盘位于吊头正下方，重心稳固，适宜承载各种规格尺寸的仪器，可以沿横梁水平移动，配备机械或气动刹车。

7）吊塔托盘尺寸为 630 mm×340 mm，托盘的上、下距离可调，可固定在两侧圆形吊管上任意位置，调整高度后吊杆上不会有任何缺口。

2 桥式吊塔治疗用气体终端和电气的基本配置分干区（医生诊断治疗区）和湿区（护士输液治疗区）。

干区配置：气体终端（氧气×2，空气×2）；电源插座×4；接地端子×4；网络接口×2；压力表（氧气、空气、真空）各 1 个。

湿区配置：气体终端（负压×2）；电源插座（干湿区）×8；网络接口×1；可调输液杆×4；压力表（氧气、空气、真空）各 1 个。

16.3.4 悬臂式吊塔

1 技术要求

1）悬臂式吊塔，吊臂、下垂头关节最大旋转角度≤340°。

2）吊柱长度有 500 mm、750 mm、1 000 mm、1 250 mm 规格。

3）吊塔净载重量：50～300 kg。

4）吊塔旋转支臂系统旋转平稳、固定位置准确。

5）吊塔悬臂采用机械旋转，轴承的基本额定动载荷≥10 000 kg；基本额定静载荷≥60 000 kg。吊塔轴承须采用推力滚针轴承，其滚针硬度≥60HRC。

2 悬臂吊塔配置

1）可分单悬臂和双悬臂，两臂加起来不能超过 1 200 m。

2）设备托盘、抽屉。

3）高度可调治疗设备支架。

4）监视器吊塔。

5）气体终端可根据吊塔的使用功能选择气体的种类和数量。

6）网络接口。

7）电源插座 8～16 个。

16.3.5 吊塔的类型

1 桥式吊塔：主要用于 ICU，如图 16.3.5-1 所示。

2 悬臂式吊塔：主要用于外科、麻醉、腔镜、ICU、特殊检查等，每种塔有单双臂之分，如图 16.3.5-2 所示。

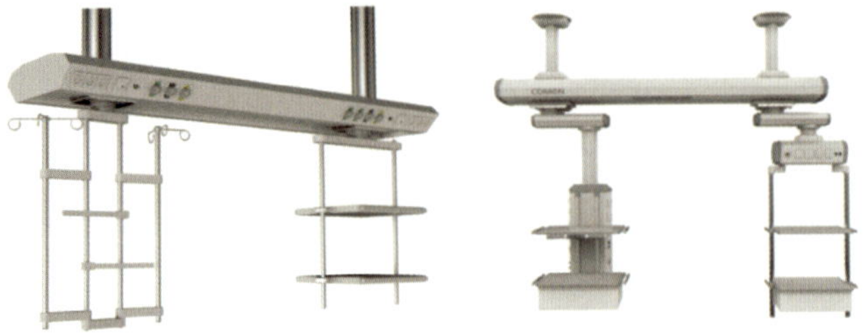

图 16.3.5-1　桥式吊塔

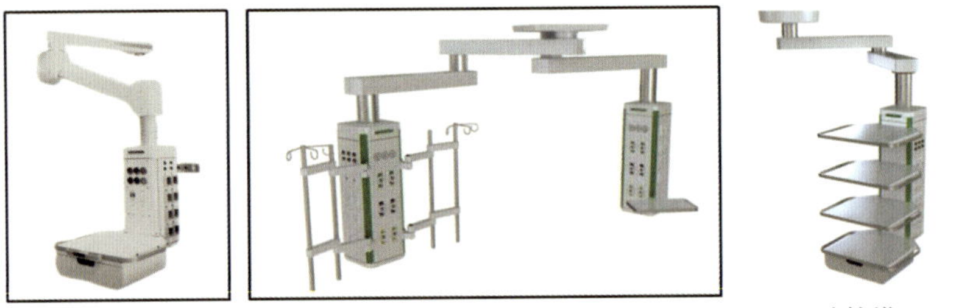

(a) 电动外科塔　(b) ICU用干湿区分离塔　(c) 腔镜塔

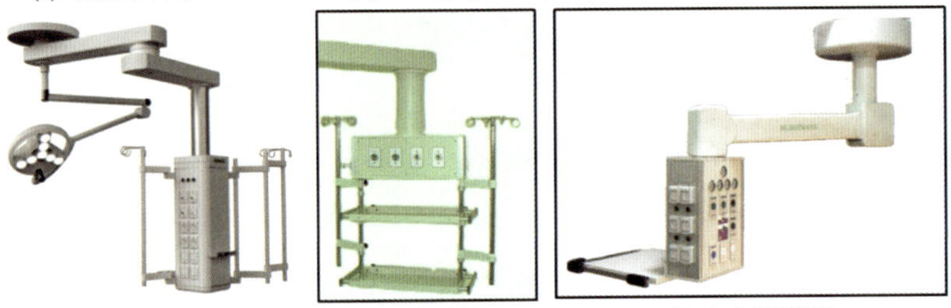

(d) 特殊检查用吊塔　(e) 麻醉塔　(f) 电动麻醉塔

图 16.3.5-2　悬臂式吊塔

16.3.6　为了避免气体接错，吊塔软管与医用气体系统管道的连接应选用 DISS 或 NISTj 接头，并注意根据气体选择规格型号不同的接头，确保患者用气安全。

第 17 章　医用气体管道系统工程材料选型卫生技术指引

17.1　铜管材

17.1.1　管材分类和标记

1　管材分类：管材的牌号、代号、状态及规格应符合表 17.1.1-1 的规定。

表 17.1.1-1　管材的牌号、代号、状态及规格

牌号	代号	状态	种类	规格(mm)		
				外径	壁厚	长度
TU1 TP2	T10150 C12200	拉拔(硬)(H80) 常规拉拔(H58) 软化退火(O60)	直管	6～219	0.6～6.0	1 000～6 100
			盘管	6～28	0.3～1.1	≥15 000

注：需方有其他规格要求时，应在合同中注明。

2　管材尺寸系列：管材的外形尺寸系列应符合表 17.1.1-2 的规定。

表 17.1.1-2　管材的外形尺寸系列

公称尺寸 DN	公称外径(mm)	公称壁厚(mm)		
		类型		
		A	B	C
4	6	1.0	0.8	0.6
6	8	1.0	0.8	0.6
8	10	1.0	0.8	0.6
10	12	1.2	0.8	0.6
15	15	1.2	1.0	0.7
	18	1.2	1.0	0.8

（续表）

公称尺寸 DN	公称外径(mm)	公称壁厚(mm)		
		类型		
		A	B	C
20	22	1.5	1.2	0.9
25	28	1.5	1.2	0.9
32	35	2.0	1.5	1.2
40	42	2.0	1.5	1.2
50	54	2.5	2.0	1.2
65	67	2.5	2.0	1.5
80	76	2.5	2.0	1.5
	89	2.5	2.0	1.5
100	108	3.5	2.5	1.5
125	133	3.5	2.5	1.5
150	159	4.0	3.5	2.0
200	219	6.0	5.0	4.0

3 产品标记:按产品名称、标准编号、牌号(或代号)、状态和规格的顺序表示。标记示例如下：

[示例 1]用 TP2(C12200)制造、供应状态为 H80、外径为 108 mm、壁厚为 1.5 mm、长度为 5 800 mm 的铜管标记为:铜管 YS/T 650-TP2 H80-108×1.5×5 800 或铜管 YS/T 650-C12200 H80-108×1.5×5 800。

[示例 2]用 TU1(T10150)制造,供应状态为 O60、外径为 22 mm、壁厚为 0.9 mm 的铜盘管标记为:铜盘管 YS/T 650-TU1 O60-22×0.9 或铜盘管 YS/T 650-T10150 O60-22×0.9。

17.2 技术要求

17.2.1 化学成分

管材的化学成分应符合《加工铜及铜合金化学成分和产品形状》GB/T 5231 的规定。

17.2.2 外形尺寸及其允许偏差

1　管材的壁厚允许偏差应符合表 17.2.2-1 的规定。

表 17.2.2-1　管材的壁厚允许偏差

公称外径(mm)	壁厚允许偏差(mm)
6～159	±公称壁厚的 10%
>159～219	±公称壁厚的 12%

2　管材的外径允许偏差应符合表 17.2.2-2 的规定。

表 17.2.2-2　管材的外径允许偏差

公称外径(mm)	平均外径允许偏差(mm)	任意外径允许偏差(mm)[a]	
	所有状态[b]	H80	H58
6～18	±0.04	±0.04	±0.09
>18～28	±0.05	±0.06	±0.10
>28～54	±0.06	±0.07	±0.11
>54～76	±0.07	±0.10	±0.15
>76～89	±0.07	±0.15	±0.20
>89～108	±0.07	±0.20	±0.30
>108～159	±0.20	±0.40	±0.50
>159～219	±0.40	±1.0	—

注：平均外径允许偏差与任意外径允许偏差任选其一，如需方有其他要求，由供需双方协商确定；a 此允许偏差包括圆度；b O60 状态管材外径允许偏差仅采用平均外径允许偏差。

3　H80 和 H58 状态直管的圆度应符合表 17.2.2-3 的规定。

表 17.2.2-3 管材的圆度

(壁厚/公称外径)比值	圆度(mm)
0.01～0.03	不大于公称外径的 1.5%
>0.03～0.05	不大于公称外径的 1.0%
>0.05～0.1	不大于公称外径的 0.8%
>0.1	不大于公称外径的 0.7%

4　H80 和 H58 状态直管的直度应符合表 17.2.2-4 的规定，全长直度不应超过每米直度与总长度(m)的乘积。

表 17.2.2-4　管材的直度

公称外径(mm)	每米直度(mm)	
	高精级	普通级
≤80	不大于 3	不大于 4
>80～150	不大于 5	不大于 6
>150	不大于 7	不大于 10

5　直管应锯切平整，其切斜度应符合表 17.2.2-5 规定的切斜度。

表 17.2.2-5 管材切斜度

公称外径(mm)	切斜度(mm)	公称外径(mm)	切斜度(mm)
不大于 15	不大于 0.40	大于 15	不大于公称外径的 2.5%

6　直管的长度允许偏差为 ± 10 mm，盘管的长度允许偏差为 + 300 mm。直管长度为定尺长度、倍尺长度时，应加入锯切分段时的锯切量，每一锯切量为 5 mm。

17.2.3　力学性能

管材的室温纵向力学性能应符合表 17.2.3-1 的规定。

表 17.2.3-1 管材的力学性能

牌号	状态	拉伸试验			硬度试验
		抗拉强度 R_m(MPa)	规定塑性延伸强度 $Rp_{0.2}$(MPa)	伸长率 A(%)	硬度(HV)
TU1，TP2	拉拔(硬)(H80)	≥320	≥310	—	≥110
	常规拉拔(H58)	≥250	≥150	≥25	75～100
	软化退火(O60)	≥220	≥60	≥40	40～70

1　晶粒度

O60 状态管材的平均晶粒度应为 0.015～0.045 mm。

2　工艺性能

1）扩口试验：外径不大于 54 mm 的 O60 状态管材应进行扩口试验，试验时顶心锥度为 45°，扩口率应符合表 17.2.3-2 的规定，试验后管材不应出现肉眼可见的裂纹或破损。

表 17.2.3-2　扩口率

外径	扩口率	外径	扩口率
≤18 mm	40%	>18 mm	30%

2）压扁试验：O60 状态管材应进行压扁试验，试验时压扁至两壁间距离等于壁厚，试验后不应出现肉眼可见的裂纹或破损。

3）弯曲试验：外径不大于 28 mm 的 H80 状态和 H58 状态管材应按表 17.2.3-3 规定的弯心半径进行弯曲试验，弯曲角度为 90°，试验后管材表面应无肉眼可见的裂纹或破损。

表 17.2.3-3 管材的弯心半径

公称外径(mm)	弯心半径(mm)	公称外径(mm)	弯心半径(mm)
6	27	15	48
8	31	18	61
10	35	22	79
12	39	28	106
14	43		

17.2.4　非破坏性试验

1　原则

每根管材均应满足气压试验或涡流探伤试验的要求，三者试验任选其一进行。氦气用管材的非破坏性试验由供需双方协商确定。

2　气压试验

管材进行气压试验时，试验的空气压力为 0.4 N/mm^2，并保持在管材内。管材完全浸入水中至少 10s，应无气泡出现。

3　涡流探伤

管材外径≤160 mm 时，可进行涡流探伤检验。管材进行涡流探伤检验时，在涡流探伤设备信号装置上不发出报警信号的直管，应认为是符合本标准的管材。盘管应在缺陷位置打印不小于 300 mm 长的深色标记，缺陷允许数由供需双方协商确定。标准人工缺陷应为通孔，其钻孔直径应符合《铜及铜合金无缝管涡流探伤方法》GB/T 5248 中表 4 的规定。

4 管材内表面碳含量

管材可按《医用气体和真空用无缝铜管》YS/T 650 提供的方法进行清洗，以保证管材表面的清洁度，管材内表面的碳含量应≤20 mg/m^2。

5 表面质量

管材内外表面应光滑、清洁，不应有影响使用的有害缺陷。

第 3 篇

医用气体管道系统施工

第 18 章　开工前应具备的条件

18.1　企业、人员资质

18.1.1　企业资质要求

医院的医用气体管道系统被国家药品监督管理局列入Ⅱ类医疗器械管理范围，共涉及注册证 8 个，其中系统注册证 3 个，产品注册证 5 个；系统注册证有医用中心吸引系统、医用中心供氧系统、医用中心压缩空气系统，产品注册证有制氧机组、医用真空负压机组、医用空气压缩机组、医用气体汇流排及医用气体报警系统。

氧气管道直径≥DN50，空气管道≥DN150，笑气、二氧化碳、氩气管径参照氧气，氮气管径参照空气，为压力管道，为国家市场监督管理局着重监管的特种设备。

医用气体管道系统又属于医用工程类，企业具有工程方面的相关资质。

综合上述三种情况，企业需要具有下述资质证书：

1　企业应为独立法人企业、合伙制企业或其他合法组织形式。

2　企业具有《中华人民共和国特种设备安装改造维修许可证(压力管道)》(GC2 级及以上)或《中华人民共和国特种设备生产许可证(含承压类特种设备安装、修理、改造)》(工业管道安装 GC2 级及以上)。

3　企业具有相关产品的医疗器械注册证、医疗器械生产许可证或医疗器械经营许可证。

4　企业具有机电安装资质。

18.1.2　人员资质

1　项目管理人员

项目经理：应由国家一级或二级注册机电建造师、注册安全员(B 证)并具有工程师职称的人员担任。

技术负责人：具备工程师职称，从事本专业工作5年以上。

质检员：具备质量员岗位证书。

安全员：具备安全员岗位证书。

材料员：具备材料员岗位证书。

资料员：具备资料员岗位证书。

施工员：具备施工员岗位证书。

预算员：具备预算员岗位证书。

2 施工人员

电工、焊工与起重工：持证上岗。

对焊工的要求：合格焊工中断6个月焊接工作后重新进行焊接时，必须重新进行考核。

18.2 施工团队的配备

18.2.1 根据医疗工程的规模、特点及质量要求等，建立项目管理部（图18.2.1），下设施工团队。

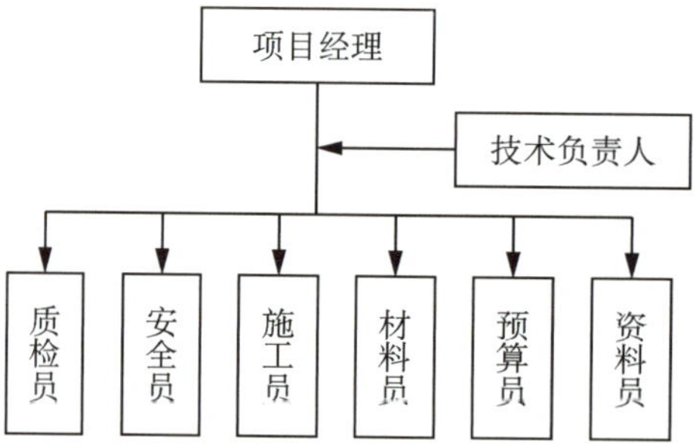

图18.2.1 项目管理部组成

18.2.2 项目管理人员职责

1 项目经理职责

1）全面负责对工程的质量、工期、安全等进行监督管理，履行具体合同条款。

2）负责工程施工安全、质量及进度（工期）控制，负责协调业主、总包、监理公司、公司内部各部门的关系，保证工程顺利进行。

3）协调施工全过程的控制。

2　技术负责人职责

在项目经理的领导下，具体主持本工程的技术工作。

3　专职质检员职责

负责质量控制、质量检测、质量记录、质量管理等工作。

4　专职安全员职责

负责开展各项安全管理工作，制定、监管、执行安全管理措施。

5　施工员职责

控制分部工程施工质量、施工进度及材料消耗。

6　材料员职责

负责制订物资计划、物资保管、物资发放和物资管理工作。

7　预算员职责

负责工程施工中的变更造价、工程决算等工作。

8　资料员职责

负责文件和资料的管理、质量记录管理等工作。

18.2.3　施工团队组成，如图 18.2.3 所示。

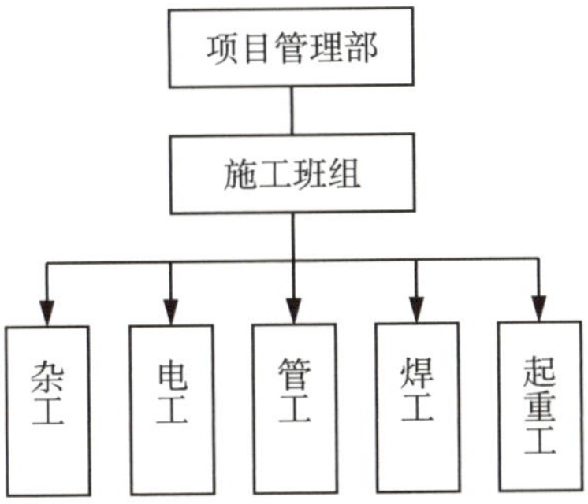

图 18.2.3　施工团队组成

18.3　施工图纸完备

施工图设计文件应由有设计资质的单位或团体完成，并经过审核部门审查批准后，才可以使用，未被批准的施工图设计文件不能使用。

18.4 主要施工机械、设备的配备

18.4.1 主要施工机械、设备配置

1 施工机具配置、使用由专人负责。

2 工程项目全部施工机具设备必须保持良好技术状态，充分满足施工要求的规定。

3 根据工程特点与施工规模，选配以下施工机具：电焊机、气焊机、氩弧焊机、专用金属磨光机、金属开孔机、砂轮切割机、台钻、管子坡口机、空气压缩机、工业吸尘器、切割机、手动葫芦、千斤顶、焊材筒、自动套丝机、焊材恒温箱等。

18.4.2 试验与检测设备配置计划

1 检测设备均按国家计量检定，保证量值溯源所用检测设备必须严格执行周期检查检定制度，确保其准确度和精密度已知，并保证测量能力在标准要求的范围内。

2 根据工程检测特点，选配以下施工机具仪器设备：压力表、兆欧表、水准仪、经纬仪、游标卡尺、塞尺、百分表、钢卷尺、自动显字温湿度计、数字万用表、噪声测定仪、硬度计、光谱仪、便携式流量计、绝缘电阻表、便携式氧浓度仪、焊接检验尺、放大镜等。

第 19 章　医用气体管道系统主要材料和设备进场安装前查对

19.1　医用气体管道系统设备安装前应开箱检查

19.1.1　设备规格、型号是否与设计图纸与招标要求一致；产品合格证与设备编号一致。

19.1.2　设备部件完整，与装箱单一致，无机械损伤、碰伤，表面处理完好无锈蚀。

19.1.3　设备产品说明书、质量证明文件、产品使用操作和维修手册、备用零部件及售后服务卡等产品资料齐全。

19.2　管道系统

19.2.1　所有管道和配件均应有相应的质保资料，氧气管道管径≥DN50 是压力管道，施工单位须具备 GC2 压力管道安装资质，压力管道制造商须具备压力管道制造许可证，两方均具有管道备案验收的能力。

19.2.2　管道穿越墙壁、楼板须加套管，若穿越的结构有防水要求，须用防水套管接驳。

19.2.3　管道跨越楼宇伸缩缝时，必须采取措施，如采用波纹伸缩器连接。

19.2.4　紫铜管的管道焊接用银基钎焊，钎焊选用 HIAgCU30-25 或强度与气密可满足要求的其他钎料，配件也必须采用铜质产品。

19.2.5　管道系统安装完毕后，应进行强度和严密性试验。

19.2.6　区域阀门箱的阀门采用三片式铜球阀、阀杆及阀板采用优质黄铜材料。

第 20 章　医用气体管道系统焊接工艺技术要求

20.1　气焊工安全操作技术基本要求《建筑工程各工种安全技术操作规程》

20.1.1　气焊工必须经过有关部门安全技术培训，取得特种作业操作证后，方可独立上岗操作；明火作业必须履行审批手续。

20.1.2　施焊场地周围应清除易燃、易爆物品或对其进行覆盖、隔离。

20.1.3　气瓶、乙炔瓶必须按照《气瓶安全监察规程》的规定，严格进行技术检验，合格后方能使用。如果超出有效期，不得使用。应远离高温、明火和熔融金属飞溅物 10 m 及以上，氧气瓶须避免直接受热。

20.1.4　氧气瓶、氧气表及焊割工具上，严禁沾染油脂。

20.1.5　氧气瓶、乙炔瓶应有防震胶圈，旋紧安全帽，避免碰撞和剧烈震动，并防止曝晒。冻结时应用热水加热，不得用火烤。氧气瓶、乙炔瓶必须按规定单独摆放，使用时确保二者间的安全距离。

20.1.6　点火时，焊枪口不得对人，正在燃烧的焊枪不得放在工件或地面上。

20.1.7　不得手持连接胶管的焊枪爬梯、登高。

20.1.8　严禁在带压的容器或管道上焊、割，焊接带电设备时必须切断电源。

20.1.9　在贮存过易燃、易爆及有毒物品的容器或管道上焊、割时，应先把容器或管道清理干净，并将所有的孔、口打开。

20.1.10　铅焊时，场地应通风良好，皮肤外露部位应涂防护油脂，工作完毕应洗漱。

20.1.11　工作完毕，应将氧气瓶、乙炔瓶的气阀关好。氧气瓶应拧上安全罩。检查操作场地，确认无着火危险，方可离开。

20.2　医用气体管道系统焊接技术

在医用气体管道安装过程中，需要进行焊接技术工艺评定，紫铜管采用银钎焊。

20.2.1　材料

1　紫铜管符合《医用气体和真空用无缝铜管》YS/T 650 的有关规定，管件符合《铜管接头　第 1 部分：钎焊式管件》GB/T 11618.1 的有关规定。

2　焊丝及钎料符合《铜及铜合金焊丝》GB/T 9460、《铜基钎料》GB/T 6418、《银钎料》GB/T 10046 的有关规定。

3　焊丝：SCu6810A、BCu93P、BAg55ZnCuSn、BAg12ZnCuSi、BAg25ZnCuCd、BAg45ZnCuCd。

4　钎剂：101，使用钎剂可防止铜管表面氧化。

5　焊丝直径：与壁厚有关，壁厚 3 mm 以下，选择焊丝直径为 2 mm，壁厚大于 3 mm 的，选择焊丝直径为 3 mm。

20.2.2　钎焊温度：820～860℃（铜管为浅红色）。

20.2.3　作业顺序：焊接作业基本流程如图 20.2.3-1 所示。

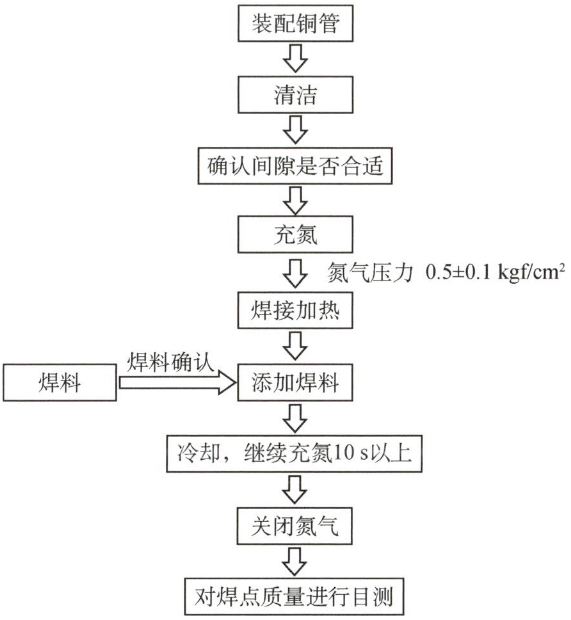

图 20.2.3-1　焊接作业基本流程

1　钎焊部的清洁

1）磨光——磨去连接部的金属材料（去除氧化膜，可用无纺布、研磨布、砂纸）。

2）脱脂——如有油污，用丙酮或酒精溶剂进行脱脂处理。

3）吹扫——必须用 0.8 MPa（表压）的压缩空气进行吹扫，吹扫次数不应小于 3 次，直至无污物排出为止。

2　确认管与接头的间隙是否合适：将接头插入管子，然后朝下放一下，如果能靠摩擦力而不掉下，则认为是合适的。

3　充氮保护

铜管在钎焊温度下表面氧化剧烈，为有效减少铜管内部氧化皮的产生，应在铜管装配后，对铜管接头内部充氮。

1）充氮方法：气压 0.05 ± 0.01 MPa/cm^2（表压），保证充入工件内的氮气流量为 4～6 L/min；装配后开始充氮，至焊后冷却继续充氮 10 s 以上。

2）充氮的要点（图 20.2.3-2）：

（1）充氮时，快速接头和充气枪应合上压紧开关，使氮气全部充入管内。

（2）充氮要保证氮气到达各焊接接头处，有效地排出空气。

（3）连续充氮时一定要有出气口，否则在焊接时气体从接头间隙处逸出，会使焊接填料困难，并易产生气孔。

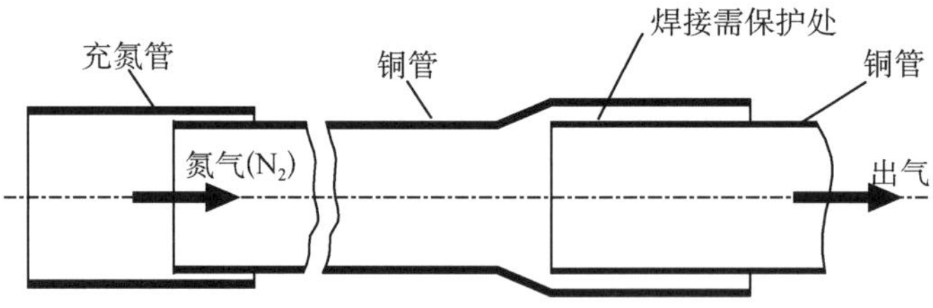

图 20.2.3-2　充氮的要点

4　焊接加热

钎焊为火焰硬钎焊，必须遵守有关安全操作规定。

1）加热前，确认铜管内有氮气流过。

2）钎焊紫铜时，使用中性焰或轻微还原焰，一般采用外焰。铜管接头处加热应均匀，并注意根据管的材料尺寸分配热量。一般先预热插入管，使管配合紧密；再沿接头长度方向来回摆动，使其均匀加热到接近钎焊温度，然后环绕铜管加热至钎焊温度（铜管为浅红），同时钎料亦随之环绕加入，并均匀填满接头间隙，再慢慢移开焊炬，并继续加入少量钎料，形成光滑钎角。

3）加热时，不能直接用火焰烧焊条，加热时间也不宜过久。

4）焊接时，要注意控制好火焰方向，避开胶套管、海绵、电线等。

5　焊后处理（冷却）

1）焊后在管内有氮气保护的条件下，可对接头处再次加热至铜管变色（200～300℃），即进行退火处理。

2）在焊缝完全凝固前，不能移动焊件或使其受到振动。

3）对采用水冷的焊件，应防止水进入铜管内部；放置焊件时，仍要避免铜管表面残留水分流入管内。

6　钎焊质量及检验

焊缝表面光滑，填角均匀饱满，圆弧过渡自然。钎焊接头无过烧、焊堵、裂纹、焊缝表面粗糙、烧穿等缺陷。焊缝无气孔、夹渣、未焊满、虚焊、焊瘤等缺陷。焊点位置如图20.2.3-3所示。

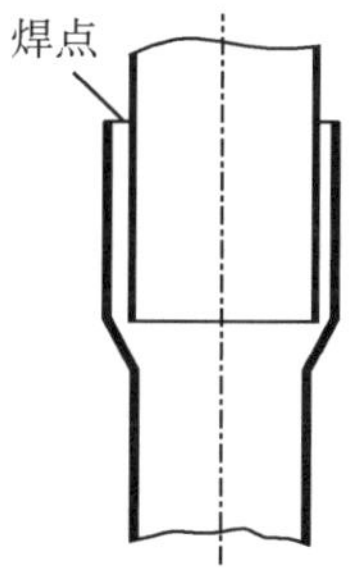

图20.2.3-3　焊点位置

7　完工后检查

1）焊缝部有无气孔和缩孔。

2）有无明显的“钎料下垂”现象。

检测数量：全部检测。

8　不合格的钎焊缝均应进行返修，并制定返修措施，同一部位返修次数不宜超过2次。

第 21 章　医用气体管道安装

21.1　施工工序

测量放线→支吊架制作与安装→孔、槽开凿及套管埋设→下料及管道预制→支吊架安装→管道、管件安装→阀门箱安装→管线吹扫试压→气站、汇流排安装→设备带安装→气体终端安装→管道接地→仪表安装→系统试运行。

21.2　管材、管件及阀门检验

21.2.1　管材、管件及阀门必须具有制造厂的合格证或质量保证书。

21.2.2　管材、管件及阀门使用前必须进行外观检查，并应符合下列规定：

1　核对其材质和规格型号。

2　无裂纹、缩孔、夹渣、折叠、重皮等表面缺陷。

3　螺纹密封面良好，精度及光洁度应达到设计要求或制造标准。

4　有脱脂要求的医用气体管道必须使用脱脂管道，两端用管塞封闭备用，管件和阀门也必须进行脱脂处理。

21.2.3　管材、管件及阀门检查完毕后应有记录。

21.3　吊架制作与安装

21.3.1　管道安装时，应及时固定和调整支吊架。支吊架位置应准确，安装应平整牢固。

21.3.2　支吊架的焊接应由合格焊工施焊，不得有漏焊或焊接裂纹等缺陷。

21.3.3　管道安装时不宜使用临时支吊架，吊杆的支架应谨慎使用。

21.3.4　制作合格的支吊架应进行防锈处理，并应妥善分类保管。合金钢支吊架应有材质标记。

21.3.5　医用气体管道与管道支架不能直接接触，为避免不同金属间不同电位差引起的腐蚀，在管道与支架之间应加非金属垫片。管道与管箍之间也应加一层非金属垫片。医用气体水平直管道支吊架最大间距见表 21.3.5。

表 21.3.5　医用气体水平直管道支吊架最大间距

管道公称直径 DN	8	10	15	20	25	32	40	50	≥65
铜管最大间距(m)	1.0	1.5	1.5	2.0	2.0	2.5	2.5	2.5	3.0

21.4　孔、槽开凿及套管埋设

21.4.1　医用气体管道穿墙、楼板以及建筑物基础时应设套管；穿楼板的套管应高出地板面至少 50 mm。且套管内医用气体管道不得有焊缝，套管与医用气体管道之间应采用不燃材料填实。

21.4.2　医用气体管道埋地的敷设深度不应小于当地冻土层厚度，且管顶距地面不宜小于 0.7 m。当埋地管道穿越道路或其他情况时，应加设防护套管。

21.4.3　防护套管应采用比铺设管道大两号的管道，建筑物内采用 PVC 管，建筑物外采用镀锌管。

21.5　管道加工

21.5.1　管道元件的加工制作除应符合《工业金属管道工程施工规范》GB50235 有关规定外，尚应符合设计文件和有关产品标准的规定。

21.5.2　管道元件在加工过程中，应及时进行标记移植。有色金属材料采用色码标记时，印色不应含有对材料产生损害的物质。

21.5.3　管材切割加工应符合下列规定：

1　管材应使用机械方法或等离子切割下料，不应使用冲模扩孔，也不应使用高温火焰切割或打孔；管道宜采用钢锯切割，当采用砂轮切割或修磨时应使用专用砂轮片。

2 管材的切口应与管轴线垂直，端面倾斜偏差不得大于管道外径的 1%，且不应超过 1 mm；切口表面应处理平整，并应无裂纹、毛刺、凸凹、缩口等缺陷。

3 管材的坡口加工宜采用机械方法，坡口及其内外表面应进行清理。

4 管材下料时，严禁使用油脂或润滑剂。

21.6 管道及组成件安装

21.6.1 医用气体管道安装前应具备下列条件：

1 与管道有关的土建工程已检查合格，满足安装要求，并已办理交接手续。

2 管道组成件及管道支撑件等已检验合格。

3 管材、管件及阀门等内部已清理干净、无杂物。对管内有特殊要求的管道，其质量已符合设计文件的规定。

4 管道安装前的脱脂工作已完成。

21.6.2 管道的坡度、坡向及管道组成件的安装方向应符合设计规定。

21.6.3 活接焊缝及其他连接件的设置应便于检修，并不得紧贴楼板、墙壁或管架。

21.6.4 脱脂后的管道组成件，安装前应进行检查，不得有油迹污染。

21.6.5 当气体管道穿越道路、墙体楼板或构筑物时，应加设套管并应符合下列规定：

1 管道焊缝不应设置在套管内。

2 穿过墙体的套管长度不得小于墙体厚度。

3 穿过楼板的套管应高出楼面 50 mm。

4 穿过屋面的管道应设置防水肩和防雨帽。

5 管道与套管之间应填塞对管道无害的不燃材料。

21.6.6 埋地的气体管道安装，应在支承地基或基础检验合格后进行。支承地基和基础的施工应符合设计文件和国家现行有关标准的规定。

21.6.7 埋地工业金属管道试压、防腐检验合格后应及时回填，并应分层夯实，同时应填写“管道隐蔽工程(封闭)记录”。

21.6.8 管道的弯头不得采用褶皱弯头，应采用成品弯头。

21.6.9 管道焊缝应进行外观检查，焊缝不允许有气孔、缩孔和夹渣。

21.6.10 管道有交叉的地方，安装的原则是“小管让大管，有压管让无压管”。

21.6.11　负压吸引管道的管路系统由各楼层向输出方向铺设，管道坡度为0.3%；水平干管上应设置活接头，主管底部设阀门以便排污。

21.6.12　所有医用气体管道均应接地，接地电阻不应大于10Ω。

21.6.13　当管道安装工作有间断时，应及时封闭敞开的管口。

21.6.14　架空敷设的医用气体管道之间的距离应满足下列规定：

1　医用气体管道之间、管道与附件外缘之间的距离不应小于25 mm，且应满足维护要求。

2　医用气体管道与其他管道的间距应满足表21.6.14的规定。无法满足时，应采取适当的隔离措施。

表21.6.14　架空医用气体管道与其他管道之间的最小间距

名称	与氧气管道净距(m)		与其他医用气体管道净距(m)	
	并行	交叉	并行	交叉
给水、排水管	0.15	0.10	0.15	0.10
保温热力管	0.25	0.10	0.15	0.10
不燃气体管	0.15	0.10	0.15	0.10
燃气管、燃油管	0.50	0.25	0.15	0.10
裸导线	1.50	1.00	1.50	1.00
绝缘导线或电缆	0.50	0.30	0.50	0.30
穿有导线的电缆管	0.50	0.10	0.50	0.10

21.6.15　埋地或地沟内敷设的医用气体管道不应采用法兰或螺纹连接。当管路必须设置阀门时，应设专用阀门井。

21.6.16　埋地或地沟内敷设的医用气体管道应作加强绝缘防腐处理；地沟内应有排水措施。

21.6.17　埋地医用气体管道的敷设深度应大于当地冻土层厚度，且管顶距地面不宜小于0.7 m。

21.6.18　当埋地管道穿越道路或埋深不足、地面载荷较大时，管道应加设防护钢套管。

21.6.19　医用气体管道地沟应用细沙填实。

21.6.20　紫铜管安装时，表面不得出现机械损伤。使用钢丝绳、卡扣搬运或吊装时，钢丝绳、卡扣不得与管道直接接触，应采用对管道无害的橡胶或木板等软材料进行隔离。

21.6.21 安装紫铜管时，应采用防止管道污染的措施。安装工具应保持清洁，不得使用会造成铁污染的黑色金属工具。紫铜管等管道安装后，应防止其他管道的切割、焊接时的飞溅物对其造成污染。

21.6.22 紫铜管道组成件与黑色金属管道支承件之间不得直接接触，应采用同材质或对管道组成件无害的非金属隔离垫等材料进行隔离。

21.6.23 紫铜管的调直宜在管内充砂，不得用铁锤敲打。调直后，管内应清理干净。

21.6.24 医用气体管网的管道连接时，必须采用焊接，且应符合下列规定：

1 安装铜波纹膨胀节时，其直管段长度不得小于 100 mm。

2 紫铜管道采用铜管件焊接时，应采用钎焊、插口焊；插口间隙不宜过宽。

21.7 阀门、安全阀及区域阀门箱的安装

21.7.1 阀门安装前，应进行外观质量检查。阀体应完好，开启机构应灵活，阀杆应无歪斜、变形、卡涩现象，标牌应齐全，按设计文件核对型号，并应按介质的流向确定安装方向。

21.7.2 当阀门与管道连接时，应选用与管道口径相同规格的阀门。

21.7.3 当阀门与管道以焊接方式连接时，阀门应在开启状态下安装。

21.7.4 阀门安装位置应易于操作、检查和维修。水平管道上的阀门，其阀杆与传动装置应按设计规定进行安装，操作应灵活。

21.7.5 所有阀门应连接自然，不得强力对接或受外加重力负荷。

21.7.6 安装管路上的压力传感器、电接点压力表、压力表及温度计前，应先安装三通、短管以及维修阀门。

21.7.7 法兰连接的球阀应在法兰两边预制长度不小于 160 mm 的管材，焊接时用湿布包裹，防止热传导烧坏密封垫。

21.7.8 安全阀的安装应符合下列的规定：

1 安全阀应垂直安装。

2 安全阀的出口管道应接向安全地点。

3 在安全阀的进出管道上设置截止阀时，应加铅封，且应锁定在全开启状态。

4 医用气体管道投入试运行时，应按《安全阀安全技术监察规程》TSG ZF001 和设计文件的规定，对安全阀进行最终整定压力的调整，并应做好调整记录和铅封。

21.7.9　医用气体的区域阀门应安装在区域阀门箱内，区域阀门箱制作时要留有一定的操作空间，阀门两端采用活接，以便于阀门的更换。区域阀门箱应选用成品，不宜在施工现场制作。

21.8　补偿装置安装

21.8.1　医用气体管道在穿越沉降缝时，应加补偿装置，补偿装置形式由设计图纸确定。

21.8.2　“Ⅱ”形或“Ω”形膨胀弯管的安装应符合下列规定：

1　安装前，应按设计文件的规定进行预拉伸或压缩，允许偏差为 ± 10 mm。

2　预拉伸或压缩应在两个固定支架之间的管道安装完毕且与固定支架连接牢固后进行。

3　预拉伸或压缩的焊口位置与膨胀弯管的起弯点距离应大于 2 mm。

4　水平安装时，平行臂应与管线坡度相同，两垂直臂应相互平行。

21.8.3　波纹管膨胀节的安装应符合下列规定：

1　波纹管膨胀节安装前，应按设计文件规定进行预拉伸或预压缩，受力应均匀。

2　安装波纹管膨胀节时，应设临时约束装置，并应在管道安装固定后予以拆除。

3　波纹管膨胀节内套有焊缝的一端，在水平管道上应位于介质流入端(图 21.8.3)。

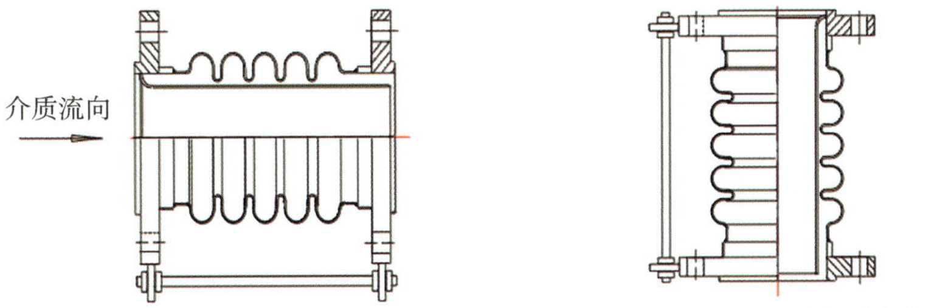

(a) 波纹管膨胀节水平管道安装　　(b) 波纹管膨胀节垂直管道安装

图 21.8.3　波纹管膨胀节安装示意

4　波纹管膨胀节应与管道保持同心，不得偏斜，应避免安装引起膨胀节的周向扭转。在波纹管膨胀节的两端应合理设置导向及固定支座，管道的安装误差不得采用变形或膨胀节补偿的方法调整。

5　应避免焊渣飞溅到膨胀节上，不得在膨胀节上焊接临时支撑件，不得将钢丝绳等吊装索具直接绑扎在膨胀节上，应避免膨胀节受到机械伤害。

21.9 流量计、压力表安装

21.9.1 流量计在安装前，应核对规格、型号、计量形式及参数，检定流量计是否在有效期内；核查流量计是否合格，确认无误后方可进行下一步的安装。

21.9.2 医用气体的流量计一般采用水平安装，安装时应注意流量计内部介质的流向，不得反向安装。

21.9.3 流量计应安装旁路，以免因气流的猛烈冲击而造成流量计的损坏。试验时，先走旁路，待气流正常时再慢慢打开流量计的阀门，并关闭旁通阀门。

21.9.4 流量计必须在管道进行初步吹扫、确认管道内无杂质后再进行安装。

21.9.5 医用气体的流量计一般采用分体式(分为采集流量信号的传感器与流量计数显部分)。安装时，应详细阅读流量计说明书，注意流量计数显部分与传感器信号的传输距离，在其要求范围内安装。

21.9.6 压力表、电接点压力表和压力传感器安装前应核对量程，氧气使用的压力表必须禁油。气体正常工作压力应保持在压力表量程 1/3～2/3 范围内，不得超过 2/3。

21.9.7 压力表应选用抗振能力强的压力表；否则，安装时要考虑缓冲管。

21.9.8 压力表应垂直管道安装；压力表应安装针阀，针阀连接压力表端应安装活接，以便于更换。

21.10 管道的吹洗

21.10.1 在焊接完一段管道后，必须对管道进行吹洗。

21.10.2 管道吹洗的目的：

1 清除管内焊接时由于充氮保护不足生成的氧化物。

2 清除因不当储运而进入管内的杂质和水分。

21.10.3 管道吹洗的步骤：

1 将压力表安装在氮气瓶上。

2 压力表高压端接上冲洗的管道。

3 打开氮气或清洁空气的阀门，维持压力在 0.4 MPa。

4 吹洗：先用绝缘材料抵住管口，当压力大到无法抵住时，快速释放绝缘物。再用绝缘材料抵住管口，如此反复几次；然后用贴有白纸的木板在距排污口 300～500 mm 处进行检查，以白纸上没有明显脏物为清洗干净标准。

5 关闭主阀。

21.11　强度试验与气密性试验

21.11.1 进行强度试验与气密性试验前应具备下列条件：

1 完成一个病区的管道安装后，应对本区域管道进行试压。

2 焊缝及其他待检部位不应涂漆和绝热。

3 实验用压力表应已校验，并在有效期内，其精度不得低于 1.6 级；压力表的满刻度值应为被测最大压力的 1.5～2 倍，压力表不得少于 2 只。

4 准备温湿度计 1 个，用于测量环境温度。

5 符合实验要求的气体(无油压缩空气或氮气)应已备齐。

6 待试压管道与无关系统已用盲板或采取其他措施隔开，待试压管道上的安全阀及仪表元件已隔离。

21.11.2 强度试验与气密性试验应符合下列规定：

1 管道强度试验前，应检查系统各管道接口、节点是否已完善，管道支架是否牢固，试验时应缓慢向管道内充气，升压时应缓慢升压。

2 室内医用气体管道的试验压力必须符合设计要求。设计无明确要求时，医用气体管道系统试验压力应为设计压力的 1.15 倍，真空管道的试验压力应为 0.2 MPa。当管道的设计压力大于 0.6 MPa 时，必须有设计文件规定或经建设单位同意，方可用气体进行压力试验。

3 试验温度严禁接近金属的脆性转变温度。

4 试验前，必须用空气进行预试验，试验压力宜为 0.2 MPa。

5 试验时，应逐步缓慢增加压力；当压力升至试验压力的 50%时，如未发现异状或泄漏，继续按试验压力的 10%逐级升压；每级稳压 3 min，直至达到试验压力；然后稳压 10 min，观察管道有无变形。

6 再将试验压力降至设计压力，停压时间应根据查漏工作需要而定，以发泡剂检验不泄漏为合格。

7 全部检测，并记录试验结果。

21.12 泄漏性试验

21.12.1 强度试验与气密性试验完成后，进行泄漏性试验。在气密性试验的基础上保压24 h，泄漏率应符合设计图纸的规定。若设计图纸未规定，则参照表21.12.1。

表21.12.1 医用气体管道系统泄漏性试验要求

系统名称	正压气体	负压气体	时间
泄漏性试验	最高设计压力下小于等于0.5%/h	最高设计压力下小于等于1.5%/h	保压24 h

21.12.2 医用压缩气体管道试验压力应为管道的设计压力，真空管道试验压力应为−70 kPa。

21.12.3 医用真空系统在压力试验合格后，进行24 h的真空度泄漏性试验，24 h泄漏率应按下式计算：

$$A=\left[1-\frac{(273+t_1)P_2}{(273+t_2)P_1}\right]\times\frac{100}{24}A=\left[1-\frac{(273+t_1)P_2}{(273+t_2)P_1}\right]\times\frac{100}{24} \quad (21.12.3)$$

式中，A——每小时泄漏率(%)；

P_1——试验开始时的绝对压力(MPa)；

P_2——试验终了时的绝对压力(MPa)；

t_1——试验开始时的温度(℃)；

t_2——试验终了时的温度(℃)。

检验数量：全部检查，并记录。

21.13 管道系统空气吹扫

21.13.1 管道系统的空气吹扫应在管道试压合格后进行。

21.13.2 空气吹扫应利用已经安装并验收合格的无油干净的空压机或者瓶装氮气，进行间断性吹扫。吹扫压力不得超过容器和管道的设计压力，流速不宜小于 20 m/s。

21.13.3　管道吹扫进气口及排气口应选择适当位置，并能保证将管道系统内的杂物吹扫干净。排气管截面积不小于被吹扫管道截面的 60%，排气管应接至室外无人到达处。

21.13.4　检测方法

方法 1：空气吹扫过程中，当目测排气无烟尘时，应在排气口设置贴白纸或涂白漆的木制靶板检验，吹扫 5 min 内靶板上无铁锈、尘土、水分及其他杂物，则为合格。

方法 2：在 150 L/min 流盘下吹扫至少 15 s，并使用含 50 μm 孔径滤布、直径 50 mm 的开口容器进行检测，无残余物，则为合格。

21.14　静电接地安装

21.14.1　设计有静电接地的管道，当每对法兰或其他接头间电阻值超过 0.03Ω 时，应设导线跨接。

21.14.2　管道系统的接地电阻值、接地位置及连接方式应符合设计文件的规定，静电接地应采用焊接形式。

21.14.3　有静电接地要求的紫铜管，导线的跨接或接地引线不得与管道直接连接，应采用同材质连接板过渡。

21.14.4　用作静电接地的材料或元件，安装前不得涂刷涂料。导电接触面应除锈并紧密连接。

21.14.5　静电接地安装完毕后应进行测试，电阻值超过规定时应进行检查与调整，并应填写“管道静电测试记录”。

第 22 章　医用气体管道系统气源站房施工程序及设备安装

22.1　设备安装主要施工程序

22.1.1　基础验收

根据土建提供的有关设备基础的资料，检查基础的纵横向中心基准线、标高及基准点是否符合设计要求。同时按照《混凝土结构工程施工质量验收规范》GB 50204 的有关规定进行基础外观检查，检查基础外观有无裂缝、空洞、露筋和掉角等现象，对达不到要求的地方，通知土建单位进行处理。验收要填写“设备基础验收记录”，并经有关人员会签。基础验收完成后，对基础表面及预留孔内杂物进行清除，灌浆处的基础表面应凿成麻面，以保证灌浆质量。

22.1.2　设备拖运

1　施工前应熟悉施工现场设备布置平面图，了解现场设备安装位置和方向。

2　拖运前查看设备的地点、外形尺寸和单件重量，了解拖运路线，考虑能否顺利通过，拖运路线如需清理、平整、加固时，必须事先做好准备。

3　拖运前对设备进行外观检查，发现有缺陷时，及时向现场负责人报告。

4　设备拖运过程中要保持平稳，如沿斜坡拉下时，后面必须加尾绳，以防设备下滑；拖运设备上重下轻时，必须采取措施，以防设备倾倒。

5　参加设备拖运的人员必须时刻注意设备动向，手脚严禁接触运行中的牵引索具，人须站在安全的一侧，拖运区内不准其他人员随便进出。

22.1.3　开箱检查

所有设备在到货后视现场情况确定是否立即进行开箱检查。如立即进行检查的，在设备检查完后，及时做好设备的保护工作，以防设备在搬运、吊装过程中损坏。设备开箱检查要会同监理单位和设备供应部门共同参加(如果是建设方提供的设备,还需要建设方有关人员参加)。检查设备包装外观有无损坏和受潮,根据设计图纸按设备的全称核对名称、规格型号;同时根据设备装箱清单和技术文件,清点随机附件、专用工具是否齐全,设备表面有无缺陷、损坏、锈蚀、受潮等现象;填写“开箱检查记录”,并经有关人员会签。

22.1.4　设备吊装

设备吊装前做好技术交底,严格按照施工规程进行吊装作业。施工中坚持自检、互检和专业检查相结合的原则,对每一施工环节进行检查合格后,方可进行后序作业。

设备吊装注意事项:

1　拖运过程中,要注意对设备进行保护。设备吊装时,吊装的绳索必须挂在设备的专用吊环上,不得将绳索捆绑在设备机壳、轴承及接管上。与设备机壳接触的绳索,在棱角处垫上柔软材料,防止磨损机壳及绳索被切断。

2　施工中注意防电,电线应远离索具。不能远离的,要对索具采取有效的保护措施。

3　设备从地面向楼层上及向地下室吊装作业必须在白天进行。吊装时,做到信号明确、统一;信号不明确时不许作业。

4　施工人员进入施工现场应穿戴好安全防护用品。

5　每件设备必须试吊,试吊离开地面 100 mm,经确认吊装无异常后方可正式起吊。卷扬机卷筒上的钢丝绳至少保留 5 圈,钢丝绳绳头应严格嵌固。

6　遇有四级以上大风、雨天、雾天,禁止进行吊装作业。为防止设备在空中打转,在设备两端设 2 根白棕绳牵制。

7　施工作业区要做好安全防护,地面要设安全警戒区,并设专人看管。

8　在楼面上或梁、柱处的受力点部位要采取安全保护措施;经负荷计算后,对单位面积荷载较小的楼板,一律采用型钢和铺设钢板进行加固;凡采用钢丝绳捆绑梁柱的,要用木板对梁柱进行保护。

22.1.5　设备滚运

设备在楼层上采用滚杆、拖排滚运时,拖排驱动采用 1 t 卷扬机。对于重量在 2 t 以下的设备,滚运时采用撬棍撬动。拖排下方滚杆的高度,应根据设备基础的高度确定。

22.1.6　设备就位

1　设备就位前先用枕木及钢板铺设斜坡,同时在基础上垫置枕木,以保护地脚螺栓。将拖排牵引索通过滑轮组接至卷扬机,由卷扬机将设备拖至基础上。设备就位示意图见图

22.1.6。设备就位前找出设备本体的中心线。

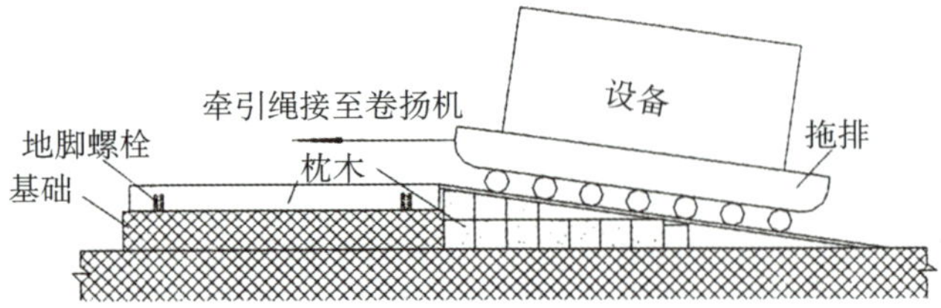

图 22.1.6 设备就位示意图

垫铁的敷设应符合《机械设备安装工程施工及验收通用规范》GB 50231 的有关规定，每组垫铁必须垫实、压紧、接触良好，相邻两垫铁组的距离为 500～1 000 mm。对于直接安装在较厚混凝土基础上的设备，应将设备的底座安装在厚度为 80 mm 以上的橡胶垫板或减震装置上，安装要求必须符合工程设计文件及随机所附技术文件的规定。

22.2 主要设备安装

22.2.1 空压机组安装

1 安装方法

机组安装前先按设计图纸的尺寸放纵横安装基准线和基础几何中心线；如安装基准线与基础几何中心线偏差不大，则按基础几何中心线进行设备就位；设备就位后，顶高至一定高度，安装橡胶减震垫；减震垫安装牢固后，用加减薄钢片的方法精调水平度和垂直度，要求偏差不大于 0.1/1 000。

2 成品保护

1）机组安装就位后，应在系统连通前做好外部防护措施，防止杂物落入机组内。

2）机组安装就位但未正式移交使用单位时，机房应上锁，防止损坏、丢失零部件。

22.2.2 真空泵安装

1 安装前的准备工作

1）按照设计图纸尺寸放出纵向和横向安装基准线。

2）由基础的几何尺寸定出基础中心线。

3）比较安装基准线与基础中心线的偏差，确定最后的安装基准线。若安装基准线与基础中心线的偏差很小，则按基础中心线安装；若偏差较大，则调整设备基础以达到安装要求。

4）安装基准线确定后，对设备底座位置定位，确定地脚螺栓（或垫板）的位置。

5）地脚螺栓（或底座垫板）处打麻面，要求尽可能平整。

6）用水准仪测出地脚螺栓位（或底座垫板位）的标高，确定安装的标高基准。

2 安装顺序

1）底板位用水平仪最高点调水平，纵横方向误差不得大于1/1 000。

2）设备就位。

3）用液压千斤顶将设备顶至一定的高度。

4）安装橡胶减震垫。

5）将设备放下，置于减振垫上。

6）精调设备安装水平度和垂直度，用加减薄钢片的方法进行调整，加垫用的薄钢片每处不超过3块，设备调平后用点焊固定。

22.2.3 医用液氧站安装

1 医用液氧贮罐应使用地脚螺栓固定在基础上，不得采用焊接固定；立式医用液氧贮罐罐体倾斜度应小于1/1 000。

2 医用液氧贮罐、汽化器与医用液氧管道的法兰联接，应采用低温密封垫、铜或奥氏体不锈钢连接螺栓，应在常温预紧后低温下再拧紧。

3 医用液氧贮罐周围7 m范围内的导线、电缆均应设置金属套管，不应裸露。

4 首次加注医用液氧前，应确认已经过氮气吹扫并使用医用液氧进行置换和预冷。初次加注完毕应缓慢增压并在48 h内监视贮罐压力的变化。

5 医用液氧贮罐站应设置防雷接地，冲击接地电阻值不应大于30 Ω。

22.2.4 医用气体汇流排安装

按设备说明书安装，并应进行汇流排减压、切换、报警等装置的调试。焊接绝热气瓶汇流排气源时，还应进行配套的汽化器性能测试。

第23章　医用气体管道系统报警系统的安装

23.1.1　医用气体报警装置在接入前，宜进行报警自测试。测试不合格的，不得接入报警系统中。

23.1.2　医用气体传感器在安装前，应检测传感器的测量范围和精度是否与二次仪表匹配，并应高于工艺要求的控制和测量精度。如果不合格，不得用于工程中。

23.1.3　压力传感器的工作范围应大于监测采样点可能出现的最大压力的1.5倍，量程宜为该点正常值变化范围的1.2～1.3倍。流量传感器的工作范围宜为系统最大工作流量的1.2～1.3倍。

23.1.4　气源报警压力传感器应安装在管路总阀门的使用侧。

第 24 章　医用气体管道系统终端、设备带(含设备柱、吊塔)的安装

24.1　设备带(含设备柱、吊塔)安装

24.1.1　设备带应采用铝合金型材，铝合金外壳表面应进行氧化处理，安装时注意成品保护。

24.1.2　设备带内部分为强电、弱电及气体管道三个独立隔断槽，气体管道槽可同时容纳不同种类气体的管道。强电、弱电线缆宜加 PVC 套管；若安装空间不足，必须套黄蜡管，与设备带的金属面隔离开。

24.1.3　外挂式设备带应按图纸要求的高度用膨胀螺栓将其固定于墙面，并将气体管道、强/弱电线连接到设备带预留接口。

24.1.4　设备带安装应符合下列规定：

1　安装高度应距离地面 1 300～1 400 mm，水平偏差不应大于 1/1 000。

2　设备带及终端安装前后应进行保护，交付时表面不得有机械划伤、碰伤等影响外观的缺陷。

3　应根据墙体结构材料选择固定设备带的方式。

4　强电电线不得与气体管道同时敷设在无隔离的同一槽板内，设备带应有静电接地。

5　终端安装后，快速接头应动作灵活。

24.1.5　壁画式设备带、异形设备带及暗装式设备带应按厂家提供的说明书安装。

24.1.6　吊塔吊柱按厂家提供的说明书安装。

医用吊塔手术室吊塔的安装及注意事项：

1　定位，预埋吊塔成品固定件，相关材料有膨胀螺钉或对夹螺杆、防锈漆等。

2　医用吊塔到位后，检查吊塔各部分是否完好，避免运输等产生的变形。

3 终端箱安装:终端箱的气体管路和电源线路穿过旋转臂或横梁后,拧紧连接螺钉即可。

4 气电连接:无论用什么方式连接,须注意漏气和电源漏电的危险发生。

5 保压测试:测试吊塔气体的密封情况,是否有漏气。

24.2 医用气体终端组件安装

24.2.1 医用气体终端组件在安装前应进行下列检验:

1 医用气体终端的安全性能检验应符合《医用气体管道系统终端 第1部分:用于压缩医用气体和真空的终端》YY 0801.1 的有关规定。医用气体终端必须采用经生产厂家测试合格后的成品进行现场装配。

2 应对气体终端底座与终端插座、终端插座与气体插头之间的专用性进行检验。

3 医用气体管道及附件颜色和标识代号应符合《医用气体工程技术规范》GB 50751 的有关规定,见表 24.2.1。

表 24.2.1 医用气体管道及附件的颜色和标识代号

医用气体名称	代号		颜色规定
	中文	英文	
医疗空气	医疗空气	Med Air	黑色-白色
器械空气	器械空气	Air 800	黑色-白色
牙科空气	牙科空气	Dent Air	黑色-白色
医用合成空气	合成空气	Syn Air	黑色-白色
医用真空	医用真空	Vac	黄色
牙科专用真空	牙科真空	Dent Vac	黄色
医用氧气	医用氧气	O_2	白色
医用氮气	氮气	N_2	黑色
医用二氧化碳	二氧化碳	CO_2	灰色
医用氧化亚氮	氧化亚氮	N_2O	蓝色
医用氧气/氧化亚氮混合气体	氧/氧化亚氮	O_2/N_2O	白色-蓝色
医用氧气/二氧化碳混合气体	氧/二氧化碳	O_2/CO_2	白色-灰色
医用氦气/氧气混合气体	氦气/氧气	He/O_2	棕色-白色

(续表)

医用气体名称	代号		颜色规定
	中文	英文	
麻醉废气排放	麻醉废气	AGSS	朱紫色
呼吸废气排放	呼吸废气	AGSS	朱紫色

4　连接医用气体终端前,气体管道应全部吹扫合格,管道中不能留有任何杂质,以免损伤气体终端。

5　医用气体终端底座铜管焊接时应通氮气保护,保证管道内不会在焊接处形成碳化层造成二次污染。

24.2.2　医用气体终端装置的安装应符合下列规定:

1　装置内不可活动的气体供应部件与医用气体管道宜采用无缝铜管连接,且不得使用软管及低压软管组件。

2　装置的外部电气部件不应采用带开关的电源插座,也不应安装能触及的主控开关或熔断器。

3　装置上的等电位接地端子应通过导线单独连接到病房的辅助等电位接地端子上。

4　装置安装后不得存在可能造成人员伤害或设备损伤的粗糙表面、尖角或锐边。

第 25 章　医用气体管道系统检验测试与验收

25.1　焊缝外观检查

25.1.1　医用气体管道焊缝位置应符合下列规定：

1　直管段上两条焊缝的中心距离不应小于管材外径的 1.5 倍。

2　焊缝与弯管起点的距离不得小于管材外径，且不宜小于 100 mm。

3　环焊缝距支吊架净距不应小于 50 mm。

4　不应在管道焊缝及其边缘上开孔。

检查数量：全部检查。

检查方法：观察检查，采用焊接检验尺、放大镜检查，检查焊接记录。

25.1.2　医用气体管道现场焊接的洁净度检查应符合下列规定：

1　现场焊缝接头抽检率应为总数的 0.5%，各系统焊缝抽检数量不应少于 10 条。

2　抽样焊缝应沿纵向切开检查，管道及焊缝内部应清洁，无氧化物、特殊化合物和其他杂质残留。

25.1.3　所有焊缝应外形均匀、成型较好，焊道与焊道、焊道与母材之间应平滑过渡，焊渣和飞溅物应清除干净。

检查数量：抽样检查。

检查方法：观察检查，查看记录。

25.2　压缩空气系统调试

25.2.1　调试准备工作

1　资料准备

1）设计图纸和设计说明书：清楚设计意图和设计参数。

2）主要设备产品安装使用说明书：了解各种设备的性能和使用方法。

2　现场准备

1）工具：绝缘表、万用表、钳型电流表、噪声表、螺丝刀、钳子等。

2）检查设备、系统结构是否符合设计要求及规范规定。

3）检查系统和设备安装质量是否符合设计要求和施工验收规范要求。

4）检查并确保各管道、设备完整无损。

3　调试说明

1）调试依据：设计文件、设备安装及操作手册以及设计、施工规范等。

2）调试项目和调试程序参照各种设备的程序及表格要求。

3）使用仪表及精度要经过计量部门校验，并取得合格证明。

25. 2. 2　空气机组调试

1　机械检查

1）空压机外壳是否清洁。

2）空压机接线是否正确。

3）所有配件、螺丝及固定件等是否安装牢固。

4）空压机气体方向是否正确。

5）空压机压力是否和液晶屏显示一致。

6）所有接地是否完成。

7）元件是否齐全，型号是否符合设计要求。

8）控制箱绝缘测试是否合格。

9）控制箱控制线路是否符合设计要求。

10）指示灯及标牌是否清晰。

注：所有检查的记录应全部清楚填写；如有问题，应于系统运行及平衡前完成整改。

2　空压机开启

1）试运转前，应清扫机房。

2）试运转前，应检查空压机外观，并符合下列要求：

(1) 空压机的型号、规格等均应符合设计要求。

(2) 空压机气体出口处的短管应不漏气。

3) 空压机内的轴承处应有足够的润滑油;若不足,应加注。加注的润滑油的种类和数量应符合设备技术文件的规定。

4) 空压机的调节阀门应启闭灵活,定位装置应可靠,空压机内的接电线应安全可靠。

25.2.3 空压机调试合格,由空气压缩机供应的医疗空气、器械空气及牙科空气,压缩机以1/4额定流量连续运行满24 h后,检验气源取样口的医用空气,其品质应符合《医用气体工程技术规范》GB 50751的相关规定。

检查方法:操作取样,由有资质的化验室进行空气成分分析,并取得合格报告。

25.3 负压系统调试

25.3.1 调试准备工作,包括资料准备、现场准备和调试说明,与压缩空气系统调试相同,见25.2.1。

25.3.2 负压机组调试

1 检查管路(防止因管道连接错误而对系统产生影响和防止颗粒物进入泵内打坏叶轮)

首先查看系统管路,确认连接正确,同时要保证管道内没有焊渣或其他颗粒物。

2 盘车(防止叶轮卡住)

打开电机风扇罩,用手转动风扇确认叶轮没有被卡住,然后装上电机风扇罩。

3 补水(防止设备在无水状况下工作)

盘车完毕后开始给汽水分离器进行补水,补到水从汽水分离器的溢流口(汽水分离器背面靠上的丝堵拧开即可)排出为止。

4 检查泵内是否有水(防止烧坏真空泵的机械密封)

汽水分离器补水完毕后,为了检查真空泵内是否有水,首先应打开真空泵的气蚀保护口(将泵盖连接汽水分离器的细管从泵盖端拔开),确认有水流出,然后将真空泵的气蚀保护口插上。

5 点动(检查电机正反转)

迅速开关真空泵,确定电机转动方向和设备上所指方向一致。

6　测试系统真空度

确认以上步骤一切正常后，关闭真空罐与系统连接的阀门，让真空机组与真空罐形成一套密闭的系统。启动真空机组将真空罐抽到真空状态，同时看真空罐上的真空表显示的真空度是否达到使用要求。

使用中要注意的事项：

1）每次启动时必须确认真空泵内有水。

2）汽水分离器的排空口（汽水分离器顶端的口）一定要保持通畅。

3）长时间停泵（15 d 以上）须把泵内的水放干净。

4）长时间停泵（15 d 以上）再启动时需先盘车。

5）汽水分离器的溢流口不能安装阀门，管线不宜过长，一般接最近的下水，为防止气相流出，可在管线中作反水弯，但不能高于溢流口。

6）在泵运行过程中，运转部件防护罩不允许打开。

25.4　氧气系统调试

25.4.1　调试准备工作，包括资料准备、现场准备和调试说明，与压缩空气系统相同，见 25.2.1。

25.4.2　氧源采用购买成品液氧与钢瓶氧气，具有医用氧注册证的，则不需要再验证氧气质量。

采用医用分子筛制氧设备现场制取的 93% 富氧空气，设备必须具有医疗器械二类管理的注册证，设备安装完成运行 2 h 后，检验气源取样口的富氧空气，富氧空气的质量应符合《医用分子筛制氧设备通用技术规范》YY/T 0298 第 5.2 条中“氧浓度≥90%（V/V）、水分含量≤0.07 g/m^3、二氧化碳含量≤0.01%（V/V）、固体物质粒径≤10 μm、固体物质含量≤0.5 mg/m^3”规定的为合格，方可以使用。

检查方法：操作取样，由有资质的化验室进行空气成分分析，并取得合格报告。

25.5　汇流排气站的检测

25.5.1　应进行医用液氧贮罐切换、汇流排切换、备用气源和应急备用气源投入运行功能及报警检验。

25.5.2 应进行备用气源、应急备用气源储量或压力低于规定值的有关功能与报警检验。

25.5.3 应进行《医用气体工程技术规范》GB 50751 与设备或系统集成商要求的其他功能与报警检验。

检查数量：全部检查。

检查方法：实际操作。

25.6 阀门及系统的检查调试

25.6.1 检查各层各病区区域阀门闭合、二级减压装置减压情况：

1 关闭阀门，查看阀后压力，观察阀门是否关闭严密。

2 通过打开气体终端排放阀后气体，至大气压力 100 kPa；关闭气体终端，打开阀门 15 min 后，查看阀后压力是否增加，并做好记录，阀后压力增加不超过 5 kPa 为合格。

3 若安装二级减压装置，在减压前后两段管道分别试压，通过观察压力表确定减压装置的设置压力是否正确。

4 检查阀门阀箱、管道标识是否符合要求，并做好记录。

25.6.2 整体系统检查：打开整体系统，观察 24 h，查看压力降幅，并做好记录。

检查数量：全部检查。

检查方法：操作、观察、记录。

25.7 医用气体管道系统监测报警的安装检测

25.7.1 每个医用气体子系统含气源报警、就地报警、区域报警，对所有报警功能逐一进行检验；计算机系统作为气源报警时，应进行相同的报警内容检验。

25.7.2 应确认不同医用气体的报警装置之间不存在交叉或错接。报警装置的标识应与检验气体、检验区域一致。

25.7.3 医用气体管道系统已设置集中监测与报警装置时，应确认其功能完好，报警标识应与检验气体、检验区域一致。

检查数量：全部检查。

检查方法：操作、观察、记录。

25.8　静电接地检测

25.8.1　医用气源站内管道任意两点的接地电阻应小于 10 Ω。

25.8.2　医用液氧贮罐站应设置防雷接地，冲击接地电阻值不应大于 30 Ω。

医疗房间内的医用气体管道应作等电位接地；管道接地间距不应超过 80 m，且不应少于 1 处，室外埋地医用气体管道两端应有接地点；除采用等电位接地外，其余宜为独立接地，其接地电阻不应大于 10 Ω。

检查数量：全部检查。

检查方法：电阻值测量并记录。

25.9　交叉连接试验

25.9.1　医用气体各系统应分别进行防止管道交叉错接的检验及标识检查，并应符合下列规定：

1　压缩医用气体管道检验压力应为 0.4 MPa，真空应为 0.2 MPa。除被检验的气体管道外，其余管道压力应为常压。

2　采用专用气体插头逐一检验终端组件，被检验的气体终端组件，应内有气体供应，同时确认终端组件的标识与所检验气体管道介质一致。

25.9.2　所有的医用气体管道系统包括真空系统及废气排放系统，都必须按顺序进行通气试验检查，确保不同管道之间没有交叉连接。

25.9.3　在所有管道系统安装完成后，方可进行交叉连接测试。被测管道系统的每个阀门与气体终端均打开，并确保每个终端均有气体通过。

25.9.4　通气的介质可以是瓶装氮气或洁净压缩空气，通气的压力，压缩气体为 0.4 MPa，真空为 0.2 MPa，以确保系统末端有气流通过。

25.9.5　每次只能测试一种气体，并确保其他管道系统没有气体流过，一种气体管道测试完成后，才可以依次对其他每个系统（包括真空及废气排放）重复试验。

如测量氧气管道，把其他气体（空气、负压、氧化亚氮、二氧化碳、氮气、废气排放）等管道的所有阀门打开，但只在氧气管道充入试验气体，其他气体管道不充气。用氧气终端插头依次打开氧气终端，检查是否有气流通过。如果有气流通过，证明安装正确；没有气流通过，则说明氧气终端接管安装错误，需要重新安装检测。同时在检查氧气终端是否有气时，再检测其他气体终端是否有气，如果其他气体终端没有气体，则可进行下一个管道系统的测试。以此类推，完成全部管道系统的试验。

25.9.6 如果管道系统有安装错误，需要重新安装焊接，重新安装后必须重复测试。

25.9.7 在测试完成、系统投入使用前，应使用正常介质进行置换。

检查数量：全部检查。

检查方法：观察、检查压力表并记录。

25.10 气体终端性能测试

25.10.1 检查气体终端和插头的机械性能：气体终端可以带气维修，在不切断区域供气的情况下，可以对气体终端进行维护或更换。

25.10.2 检查气体终端唯一性：每个气体终端，必须证明只有在正确的插头插入情况下才会释放气体（或真空）。不同种类气体终端插口形状应不同，以防误操作。

25.10.3 检查气体终端标识。

25.10.4 在做管道的交叉试验时进行气体终端的流量与压力降检测。

检查数量：每个病区每种气体终端抽检不低于25%。

检查方法：观察流量计，检查压力表并记录。

25.10.5 表压为350 kPa的所有气体终端，包含但并不限于氧气、氧化亚氮、医用空气和二氧化碳，输出口的气体流量应为100 L/min，压力降不得超过35 kPa，静压为345～380 kPa。

25.10.6 医用外科真空吸引终端的吸气流量应为84 L/min，任何附近终端的真空度不得降至40 kPa以下。

25.10.7 用于重症监护区域的氧气和医用空气输出口3 s内的短暂流量可为168 L/min。

25.11 呼吸、麻醉废气处理设备检验

25.11.1 呼吸、麻醉废气排放管道的安装同负压吸引一样，需要进行强度试验和严密性

试验。

25.11.2　废气排放口应远离医用空压机进气口，远离建筑物的入口、门、窗或其他开口，应考虑风向等潜在影响，在排放口设有警示标识。

25.11.3　检测废气终端排放流量与压力降。当废气排放流量为 50 L/min，通过每个废气终端的插座时，压力降不应大于 7.5 kPa。

第 4 篇

医用气体管道系统测试与验收

第 26 章　一般规定

26.1.1　应检查所有气体系统管道，包括新建、改建、更换、暂时安装和维修后的管道，确保系统管道完全符合规范要求。

26.1.2　应测试系统的所有部分和所有部件，包括气源部分、管道部分、安全报警部分、阀门阀箱、气体终端设备和气体终端。

26.1.3　凡是气体系统新增、更换或替换的，包括气源设备、管道部件、报警装置、气体终端设备和气体终端均应进行测试与验收。

26.1.4　系统因部分或部件拆除、更换、增加或被分离，应视为医用气体系统被破坏。系统被破坏恢复后接受的测试与验收应仅限于拆除、更换、增加或被分离部分的区域。其正压气体系统的测试与验收应在受破坏点下游气体供应区域进行；真空吸引系统的测试与验收应在受破坏点上游气体供应区域进行。

26.1.5　检查和测试报告应直接交给验收方，验收方再通过渠道将报告提交给设备管理部门和其他需要报告部门。

注：验收方为国家主管部门指定的有资质的单位或权威的专业团队。

26.1.6　测试报告应包含所有发现的问题和处理结果并详细列表说明。

26.1.7　在建好的气体系统使用之前，验收方应保证检查和测试发现的所有问题都得到解决后方可签署系统设备工程移交证书。

26.1.8　测试和验收相关的所有文件应现场保存并提交设备管理部门。

26.1.9　在系统设备交付使用之前，负责系统设备管理的部门应审查终端标识是否与输入/输出气体相符，并检查是否配备了相应的终端接头。

26.1.10　设备管理部门应取得第 26.1.1、26.1.7 条的确认证书后，系统设备方能使用。

26.1.11　如果某个供气源内的部件拆除需要进行修理和重新安装，或者同类部件更换，凡涉及切割或钎焊新管道的，应视为新工程进行测试和验收。

1　凡是管道未进行更改的，应进行如下功能测试：

1）验证替代装置功能。

2）保证系统中没有任何设备反向安装。

2 如管道没有变化，还应进行以下测试：

1）对使用的医用氧气气源设备进行测试，应符合《医用气体工程技术规范》GB 50751的有关要求。

2）对医用空气气源设备和仪表用空气设备进行测试，应符合《医用气体工程技术规范》GB 50751 的有关要求。

3）对真空吸引设备进行测试，应符合《医用气体工程技术规范》GB 50751 的有关要求。

4）对麻醉废气处理系统进行测试，应符合《医用气体工程技术规范》GB 50751 的有关要求。

5）对气体安全报警系统进行测试，应符合《医用气体工程技术规范》GB 50751 的有关要求。

6）所有受影响的部件均应接受测试，并应符合本书相应条目的要求。

第 27 章　承建方执行的测试

27.1　一般要求

27.1.1　医用气体安装承建方须在安装工程进行中执行测试，并形成文件记录。

27.1.2　测试气体应为无油、干燥氮气（氮气应符合浓度 99%标准要求）或符合《医用气体工程技术规范》GB 50751 规范的医疗空气。

27.1.3　安装系统设备（包括气源设备、汇流排、报警装置、气体终端设备和气体终端）的测试应符合下列规定：

1　应在安装完输送管道之后，泄漏性测试之前进行设备安装及测试。

2　应在软/硬蛇皮管连接的设备安装之前进行设备安装及测试。

3　所有的气体终端均应进行测试。

27.1.4　承建方所有竣工测试和检测记录须交给建设方备案。

27.2　初始排污

27.2.1　应采用无油、干燥的空气或氮气吹扫医用气体和真空吸引输送管道。

27.2.2　应在安装完输送管道之后，系统设备安装之前（如压力/真空报警装置、压力/真空指示器、安全阀、汇流排、气源设备）进行初始排污。

27.2.3　为清除在施工时沉淀在管道内的微小颗粒物质，管道应采用间歇式的大流量气体进行吹扫。

1　开始吹扫后，吹扫过程应快速中断几次，直至吹扫气流不会在适配器上的白布产生污点。

2　为防止对输出口和其他配件造成可能的损坏，不得使用除正确适配器以外的其他工具来进行测试。

27.3 初始压力测试

27.3.1 如果系统运行压力为非标时，其测试表压应至少比其他被测系统的压力高或低70 kPa。

27.3.2 任何真空吸引系统应处在运行状态，这样这些真空吸引系统可与医用气体系统同时测试。

27.3.3 应校准测试用的所有测试压力表。

27.3.4 按要求的压力调整后，应测试每个医用气体系统的每个终端输出口，每个系统采用带有测试表的气体专用接头进行测试，以确认每个系统的每个输出口/输入口的测试压力/真空度符合表27.3.4中的值。

27.3.5 应通过标识或颜色标记，识别每个终端的输出口，测试表上所示的压力应为表27.3.4中所列的系统被测压力。

表27.3.4 试验压力

医用气体	压力(表压)(kPa)
医疗空气	400
器械空气/医用氮气	800
医用真空	40(真空压力)
医用氧气	400
医用氧化亚氮	400
笑气	350～400
医用二氧化碳	400
医用二氧化碳/氧气混合气	350～400
医用氦气/氧气混合气	350～400
麻醉和呼吸废气处理	15(真空压力)
牙科空气	550
牙科专用真空	15(真空压力)

27.3.6　医用气体的每一段管道及管道部件都应接受压力测试。

27.3.7　应在安装完输送管道之后，系统设备安装之前（如压力/真空报警装置，压力/真空指示器、安全阀、汇流排、气源设备、气体终端设备和气体终端）进行测试。否则，这些设备和配件可能会由于压力测试而被损坏。

27.3.8　在进行这些测试时，气源切断阀应保持关闭。

27.3.9　低压压缩气体管道的测试压力应为 1.15 倍的系统设计压力（气压），但不得低于表压 1 035 kPa。（此条参照《医用气体工程技术规范》GB 50751 中 10.2.18，分高、中压和低压两种要求）

27.3.10　真空管道测试压力不得低于表压 415 kPa。（此条参照《医用气体工程技术规范》GB 50751 中 10.2.18，0.2 MPa）

27.3.11　测试压力应一直维持至所有连接点均完成了渗漏检测，可通过肥皂水、洗洁精或其他不影响氧气安全使用的有效检漏方法。

27.3.12　如果测试出现渗漏，应标出渗漏位置，在进行维修或更改后重新测试。

27.4　交叉连接测试

27.4.1　应确认不同医用气体和真空吸引管道系统之间不存在交叉连接。

27.4.2　所有管道系统应减压至大气压。

27.4.3　除了被测试的气体管道系统，所有管道系统均应断开与供气气源的连接。

27.4.4　被测系统应充无油、干燥的氮气至表压 345 kPa。

27.4.5　应安装与气体终端相匹配的转接头，测试每个气体终端以确定测试气体仅来自被测试的管道系统。

27.4.6　对于每个安装完的医用气体和真空吸引管道系统，均应进行交叉连接测试。

27.4.7　在测试过程中，应同时确认系统中气体终端的标牌和标识是否正确。

27.5　管道吹扫测试

27.5.1　管道吹扫测试可与交叉连接测试同时进行。

27.5.2　应吹扫每个医用气体管道系统的终端输出/输入口，以去除输送管道内的任何微粒物质。

1　使用合适的终端转接头，采用间断、大流量的测试气体吹扫每一个气体终端，直至吹扫气流不会在干净的白布上产生污点。

2　吹扫应从距离区域阀最近的气体终端开始，延续至区域内最远的气体终端。

27.6　正压医用气体管道的泄漏性测试

27.6.1　当成功地完成初始压力测试后，医用气体输送管道应进行泄漏性测试。

27.6.2　测试应在气体终端阀体、面盘和其他输送系统配件（如安全报警装置、压力指示器、管道安全阀、装配配件、软管等）安装完成后进行。

27.6.3　在测试过程中，应关闭气源阀。

27.6.4　应采用无油、干燥的氮气对管道系统进行 24 h 的泄漏性测试。

27.6.5　测试压力应比正常系统运行压力高 20%。

27.6.6　在测试结束时，测试压力不得发生变化。在进行压力相关测试时，应充分考虑环境温度变化带来的气体膨胀或收缩而导致的压力变化，可采取以下压力—温度关系公式计算：

1　测试终了绝对压力的计算值 = 初始绝对压力 × 测试终了绝对温度/初始绝对温度。绝对压力 = 读出的表压 + 读数时的大气压。

2　绝对温度 = 读出的温度 + 273 ℃。

3　测试终了压力差 = 测试终了表压 + 读数时的大表压 − 测试终了绝对压力的计算值；或测试终了压力差 = 测试终了绝对压力　测试终了绝对压力的计算值。

4　测试设备建议选用表压压力计、大气压计、温度计或绝压压力计、温度计。

27.6.7　如果测试出现渗漏，应标示出渗漏位置，并在维修或更换后重新进行测试。

27.7　真空吸引系统的持续真空测试

27.7.1　当成功完成初始压力测试后，真空吸引管道应接受持续真空测试。

27.7.2　测试应在安装完成所有的真空吸引系统配件后进行。

27.7.3　管道系统应接受 24 h 的持续真空测试。

27.7.4　测试压力应在 300 mmHg(绝压)(1 mmHg = 0.133 kPa)至全真空之间。

27.7.5　在测试过程中，应关闭真空气源阀门。

27.7.6　在测试结束时，测试真空度不得发生变化，除非环境温度发生变化，可按第 27.6.6 条的方法进行计算。

27.7.7　如果测试出现渗漏，应标示出渗漏位置，并在维修(如允许的话)或更换(如需要的话)后重新进行测试。

27.8　阀门测试

27.8.1　阀门测试应在完成初始压力测试和交叉连接测试后进行。

27.8.2　应测试安装在所有医用气体和真空吸引管道系统上的阀门，以确认其是否运行合理和控制正确的房间或区域。

27.8.3　测试记录上应列出每种气体阀门控制的房间或区域。

27.8.4　应确认阀门的正确标识(阀门标识图解)。

27.9　管道微粒测试

27.9.1　管道微粒测试可与管道吹扫测试同时进行。

27.9.2　对于每个正压气体系统，应确认管道系统的清洁度。

27.9.3　至少 1 000 L 的气体应以 3.5SCFM 的最低流速通过一个清洁、白色、0.45 μm 的过滤器。

27.9.4　在距离气源的最远输出口处，应测试 25%的终端。

27.9.5　测试终端气流中，大于 1 mg 的物质不能通过过滤器。

27.9.6　测试应采用干燥、无油的氮气。

27.10　管道纯度测试

27.10.1　在管道吹扫测试后，对于每个医用气体系统应确认管道系统的纯度。

27.10.2　测试应采用无油、干燥的空气。

27.10.3 管道纯度测试是针对所有碳氢化合物（如甲烷）和卤代烃的，并把它们与气源气体作比较。

27.10.4 应在距离气源最远的终端进行测试。

27.10.5 两个测试之间的差值不得超过以下数值：

1 所有碳氢化合物（包括甲烷）：5 ppm。

2 卤代烃：5 ppm。

3 距离气源最远的终端应进行露点测试，在 345 kPa 下露点不得超过 −12℃。

27.11 末端管道终端快速接头测试

27.11.1 新管路和原有系统之间末端在连接终端快速接头时应进行渗漏测试，测试可采用正常运行压力下的指定系统气体，通过肥皂水、洗洁精或其他不影响氧气安全使用的有效方法进行检测。对于真空管道终端快速接头，应采用超声波渗漏检测仪或其他有效方法检测出工作中真空吸引系统的渗漏点。

27.11.2 对于压缩气体，应在完成末端连接和渗漏测试后，立即对特定气体转换区域和受到影响区域的下游区域的配件按第 27.5 节的要求进行吹扫测试。

27.11.3 在新管路给患者使用之前，应按第 27.3 节和第 27.13 节的要求分别对压缩气体的运行压力和气体浓度进行测试。

27.12 运行压力流量测试

27.12.1 应在使用者进行连接和断开连接的每个气体终端处进行运行压力测试。

27.12.2 应采用指定系统气体或运行真空进行测试。

27.12.3 表压为 350 kPa 的所有气体终端，包括但并不限于氧气、笑气、医用空气和二氧化碳，输出口的气体流量应为 100 L/min，压力降不得超过 35 kPa，静压为 345～380 kPa。

27.12.4 医用外科真空吸引终端的吸气流量应为 85 L/min，任何附近终端的真空度不会降至 40 KPa 以下。

27.12.5 用于生命支持区域的氧气和医用空气输出口 3 s 内的短暂流量可为 170 L/min。

27.13　医用气体浓度测试

吹扫每个系统后，应进行下列操作：

1　通过体积分析每一级压力下的气体资源和输出后的气体浓度。

2　分析应采用专为测量特定气体设计的仪器（气象色谱分析仪）。

3　所允许的气体浓度见表 27.13.1。

表 27.13.1　气体浓度

医用气体	浓度
氧气	氧气≥97%
笑气	氧化亚氮≥99%
氮气	氮气≥99%或氧气≤1%
医用空气	氧气 19.5%～23.5%
其他气体	除非特别注明，浓度定为 ± 1%

27.14　医用空气纯度测试（压缩机系统）

27.14.1　在气源阀打开之前，应通过体积分析空气资源的污染物浓度。

27.14.2　应在系统取样端口取样进行空气系统测试。

27.14.3　测试的结果不得超过表 27.14.3 中的参数。

表 27.14.3　医用空气中允许的污染物参数

气体种类	油 (mg/Nm^3)	水 (mg/Nm^3)	CO (10^{-6}V/V)	CO_2 (10^{-6}V/V)	NO 和 NO_2 (10^{-6}V/V)	SO_2 (10^{-6}V/V)	颗粒物 (GB 13277.1)
医疗空气	≤0.1	≤575	≤5	≤900	≤2	≤1	2 级
器械空气	≤0.1	≤50	—	—	—	—	2 级
牙科空气	≤0.1	≤780	≤5	≤500	≤2	≤1	3 级

27.15　标识

应确认所有管道、配件和系统设备（如气体终端、阀门阀箱、报警装置等）标识的正确性。

27.16 气源设备确认

27.16.1 在完成管道连接,安装好附件和气源设备后,应确认气源设备。

27.16.2 氧气供应气源

1 在系统验收之前,应测试系统设备的运行功能,包括从主供应切换至辅供应的转换和备用供应源的操作。

2 如果系统具有监控辅助供应源的操作开关和信号装置,在系统投入使用前,应测试其运行功能。

3 如果系统具有监控备用供应源的操作开关和信号装置,在系统投入使用前,应测试其运行功能。

4 应测试大型供气源信号和主信号盘的安装,以确保主信号盘的正确识别和激活功能,以保证设施能监测供气系统的运行状态。

5 当改变或更换了储备装置,应进行第 27.4 节和第 27.15 节所要求的测试。

27.16.3 医用空气供应气源系统

1 医用空气压缩机系统的监测应包含空气质量纯度测试、报警装置的测试、提前/延迟控制测试以及根据生产厂家说明书要求进行的测试。

2 应在医用空气气源系统采样口取样进行空气质量测试,应符合表 27.14.3 规定。在系统验收前,应检查系统控制传感器(如露点、空气温度和所有其他空气质量监测传感器与控制器)是否运行正常。

4 如气源系统更换新配件,应在更换后确认压缩机提供的空气质量符合表 27.14.3 的规定。

5 医用空气压缩机系统的空气质量测试应在压缩机运行 24 h 后进行。

6 观察 24 h 医用空气供应气源系统应产生约 25%的额定压缩机流量,压缩机连续循环启动和停止,以及干燥器的运行正常。

27.16.4 验收之前应测试真空吸引系统设备的运行功能,包括从主供应切换至辅供应的转换和备用供应源的操作。

27.16.5 验收之前应测试气体汇流排的运行功能,包括左右切换性能,各个减压阀、安全阀的功能的安全、有效性。

27.17 报警装置的测试

27.17.1 应测试每种医用气体和真空系统的所有报警系统，以确保在系统投入使用前，所有部件运行正常。

27.17.2 在连接新管道至原有系统之前，应测试作为原有管道系统新增部分的报警系统。

27.17.3 新安装的报警系统测试(初始测试)应在交叉错接测试之后，且在管道吹扫和其他余下的确认测试完成后进行。

27.17.4 在连接新增系统至原有系统之前，应完成报警系统的初始测试，它可作为原有管道系统的新增或扩展部分。

27.17.5 应采用无油、干燥的空气或氮气，指定系统气体或运行真空作为初始测试气体。

27.17.6 如果采用计算机系统代替所需要的报警盘，计算机系统应包含在报警测试内。

27.17.7 主报警器(气源报警)

1 应测试每个医用气体和真空管道系统的主报警系统。

2 如果压缩气体主管道的压力上升或降低 15%的正常运行压力，应出现本书要求的声音报警和不可取消可视信号报警。

3 应确认主报警器上报警信号的运行。

27.17.8 区域报警器

应测试所有供应麻醉场所和其他重要生命支持监护区的医用气体管道系统报警信号，例如麻醉后恢复、集中护理单元、冠心病护理单元、紧急抢救套房和手术室的报警信号，以确认对于正压气体，当管道系统的压力上升或降低 20%的正常运行压力或当真空吸引系统的真空度降至 −300 mmHg 以下时报警信号的状态。

27.18 终端和接头的机械性能、气体专用性和鉴定的检查

27.18.1 此项测试可与交叉连接测试同时进行。

27.18.2 机械性能：该测试要求每套终端装配上外壳。必须证明，对于每套终端，合适的

气体专用插头可以插入、锁住和拔出。如果有反转装置,必须证明,该装置保持插头在正确的方向。

27.18.3 气体专用性:每一种气体终端应只能对应与其匹配的连接头,其他连接头不能接入终端出/入口。必须证明,对于每套终端设备,只有正确插头插入并锁住后,气体(或真空)才能被释放出来。其他插头不能被锁住,并且当插入其他插头时不能释放出气体(或真空)。

27.18.4 标识:检查所有的终端标识,应符合本书的相关规定。

27.18.5 所有测试文件和记录应永久保存。

第 28 章　竣工后的第三方机构验收

28.1　概述

28.1.1　在完成了承建方执行的测试后，才能由国家主管部门指定的有资质的单位或权威的专业团队进行验收。承建方不能作为验收方对承建工程进行验收。

28.1.2　验收时采用的测试气体应为无油、干燥的氮气或医用压缩空气。

28.2　隐蔽工程的检查和核对

对于可能要封闭的区域，在封闭前应先查对下列情况，并做好记录，作为验收工作的一部分内容：

1　检验管道标识和管道支架：应检查管道标识、管道支架，以确认其符合《医用气体工程技术规范》GB 50751 的相关要求。

2　检查是否符合设计规范：所有项目应符合设计规范的相关要求（如管道的尺寸、终端的位置、截止阀和可能安装了的管线压力调节器）。

28.3　验收时需要接受的文件

28.3.1　医用气体建设工程涉及的所有施工图和手册，包括医用气体或真空站房、汇流排间、管道和阀门系统、输出口/输入口或终端、监测和报警系统。

28.3.2　管道和阀门系统的安装详图，包括管道实际位置、管道直径、截止阀和系统中其他必须维护的部件，以及变动后的设备安装图。这些图必须包括被掩埋和封闭的管道的定位细节。

28.3.3 使用部件的电气图。

28.3.4 整个系统的制造商或医用气体管道系统每个部件的制造商必须提供的使用说明书。使用说明书必须包括以下内容：

1 制造商的名称或贸易商名称和地址。

2 制造年份，并要在合适的地方标出系统及部件可以安全使用的日期(具体至年和月)。

3 任何专业存贮和操作情况。

4 任何专业操作说明。

5 任何应采取的警告和防护。

6 设备编号。

7 包括系统性能、可拆卸零件和辅助部件如何连接及分开的技术规范。

8 所有报警信号和信息信号的描述。

9 所有截止阀在通常情况的位置(即开放或闭合)。

10 推荐的系统性能定期检查的说明书。

11 关于医药产品或系统设计使用产品的充分信息。

12 部件或耗材的说明(例如用于压缩机和真空泵的油、细菌过滤器、活性炭过滤器、干燥剂)。

注：使用说明书必须考虑到运行、使用和维护时包含几个不同部件的可能性。

28.4 操作管理信息

28.4.1 医用气体管道系统每个部件(即供应系统、监测和报警系统、管道输配系统)的制造商必须提供操作手册，以便设备管理者制定操作管理文件。

28.4.2 系统制造商必须提供说明书，包括推荐的维护任务及频率、推荐的可用备件清单。

28.4.3 为预防系统供气可能发生重大灾难性故障。制造商应交付给使用者一套具体的紧急处理方案，以应对医用供气可能发生一个或多个管道系统的故障处理。

28.4.4 系统每个部件的品质证明材料，包含安全阀、压力控制部件在内的生产厂家的资质证明、产品规格、材质证明及计量合格证明。

28.4.5 施工时执行的所有测试记录。

28.4.6 验收时执行的检查和测试记录。

28.5 核对图纸、标识和支架

按照图纸，检验管道标识和支架；检查所建系统的所有项目与图纸和设计要求的一致性（如管道的尺寸、终端的位置、截止阀以及可能安装的管线压力调节器）；检查所有阀门和终端的标识。

28.6 阀门测试

按本书第 27.8 节执行。

28.7 交叉错接测试

应安装与气体终端相匹配的转接头，测试每个安装的气体终端以确定测试气体仅来自被测试的管道系统。

28.8 管道吹扫测试

按本书第 27.5 节的要求至少抽测 20%的终端，同时要求各区域的各类气体或真空的终端均应进行抽验测试。

28.9 管道微粒测试

按本书第 27.9 节执行抽测，各类气体或真空抽测 5%终端。

28.10 管道纯度测试

按本书第 27.10 节执行。

28.11 运行压力流量测试

按本书第 27.12 节执行抽测，各类气体或真空在各区域的最近端和最远端的终端均要求安排 10%抽测。

28.12 医用气体浓度测试

按本书第 27.13 节执行。

28.13 医用空气纯度测试

按本书第 27.14 节执行。

28.14 气源设备确认

按本书第 27.16 节执行。

28.15 报警测试

按本书第 27.17 节执行。

28.16 验收合格后的工作

28.16.1 所有验收测试完成后，验收方应提供有效的验收报告。

28.16.2 填充指定的气体：每个医用压缩气体的管道输配系统，必须充满其专用气体并排空，通过足够多的次数以置换出测试气体。每套终端设备必须轮流打开，以允许专用气体填满管道系统。

28.16.3 当所有测试满意地完成并通过验收后，必须去除所有固定在终端上的建筑标签。

28.16.4 所有验收文件和记录应永久保存表 28.16.4-1～表 28.16.4-12。

表 28.16.4-1　医用气体管道系统竣工验收检验

医院＿＿＿＿＿＿方案＿＿＿＿＿＿

文件编号＿＿＿＿日期＿＿＿＿＿＿

第 1 部分——泄漏检验、标记、套管和支撑

经检验的部分	检验压力(kPa)	检验小时数	压力降(kPa)	压力损失(kPa/h)	通过/未通过<0.2/2 h(400 kPa 系统)<0.5/2 h(700 kPa 系统)

第 2 部分——系统之间连接

未进行此检验，要进行以下连接：

特此证明上面的检验已进行，且以下连接已拆除：

承包商代表

身份＿＿＿＿＿＿签字＿＿＿＿＿＿

日期＿＿＿＿＿＿名称＿＿＿＿＿＿

第三方机构监督员

身份＿＿＿＿＿＿签字＿＿＿＿＿＿

日期＿＿＿＿＿＿名称＿＿＿＿＿＿

表 28.16.4-2　医用气体管道系统竣工验收检验

医院＿＿＿＿＿＿方案＿＿＿＿＿＿

文件编号＿＿＿＿日期＿＿＿＿＿＿

交叉连接检验

特此证明交叉连接检验按照 27.4 的要求在以下医用气体管线系统进行：

这些系统之间未发现交叉连接

承包商代表

身份＿＿＿＿＿＿签字＿＿＿＿＿＿

日期＿＿＿＿＿＿名称＿＿＿＿＿＿

表 28.16.4-3　医用气体管道系统竣工验收检验

医院__________方案__________

文件编号________日期

自总压缩气体系统的泄漏检验

特此证明泄漏检验按照 27.6、27.7 在管道输送系统进行，并且在检验期间，压力维持 24 h。

经检验的部分	检验压力(kPa)	检验小时数	压力降(kPa)	压力损失(kPa/h)	通过/未通过 ＜0.2/2 h(400 kPa 系统) ＜0.5/2 h(700 kPa 系统)

承包商代表

身份__________签字__________

日期__________名称__________

第三方机构监督员

身份__________签字__________

日期__________名称__________

业主代表

见证__________身份__________

签字__________日期__________

表 28.16.4-4　医用气体管道系统竣工验收总系统检验

医院__________方案__________

文件编号________日期__________

泄漏至总真空系统检验

特此证明泄漏检验按照 27.7 要求在管道真空系统进行，系统压力为____kPa。1 h 后压力升高____kPa(最大值 10kPa)。

承包商代表

身份__________签字__________

日期__________名称__________

第三方机构监督员

身份__________签字__________

日期__________名称__________

业主代表____________________

见证__________身份__________

签字__________日期__________

表 28.16.4-5A　医用气体管道系统竣工验收总系统检验

医院__________方案__________

文件编号__________日期__________

区域阀供气装置-闭合和分区检验

特此证明 AVSU 闭合和分区检验按照 27.8 在管线系统进行，具体内容如下：

AVSU 数量	检验压力（kPa）	15 min 后下游/上游压力变化（kPa）	所控制终端设备（总编号）	终端设备标记

承包商代表

身份__________签字__________

日期__________名称__________

第三方机构监督员

身份__________签字__________

日期__________名称__________

业主代表__________

见证__________身份__________

签字__________日期__________

表 28.16.4-5B　医用气体管道系统竣工验收总系统检验

医院__________方案__________

文件编号__________日期__________

线阀组件-闭合和分区检验

LVA 数量	检验压力（kPa）	15 min 后下游/上游压力变化（kPa）	所控制终端设备（总编号）	终端设备标记

（续表）

LVA 数量	检验压力（kPa）	15 min 后下游/上游压力变化（kPa）	所控制终端设备（总编号）	终端设备标记

特此证明 LVA 闭合和分区检验按照 27.8 在管线系统进行，具体内容如下：
承包商代表
身份__________ 签字__________
日期__________ 名称__________
第三方机构监督员
身份__________ 签字__________
日期__________ 名称__________
业主代表____________________
见证__________ 身份__________
签字__________ 日期__________

表 28.16.4-6　医用气体管道系统竣工验收总系统检验

医院__________ 方案__________
文件编号________ 日期__________
交叉连接检验
特此证明交叉连接检验按照 27.7 在以下医用气体管线系统进行：
终端处气体交叉错接记录表

楼层	科室	氧气	医用空气	医用真空吸引	其他气体

承包商代表
身份__________ 签字__________
日期__________ 名称__________
第三方机构监督员
身份__________ 签字__________
日期__________ 名称__________
业主代表____________________
见证__________ 身份__________
签字__________ 日期__________

表 28.16.4-7　医用气体管道系统竣工验收总系统检验

医院____________方案____________
文件编号_________日期____________
终端设备功能性检验
（遵照合同规范和 27.11 气体终端的要求进行验收）
系统____________
规定流量_______L/min　规定压力降_______kPa

终端设备数量	房间数量	达到规定流量（是/否）	达到规定压力降（是/否）	机械功能	气体特异性

承包商代表
身份____________签字____________
日期____________名称____________
第三方机构监督员
身份____________签字____________
日期____________名称____________
业主代表________________________
见证____________身份____________
签字____________日期____________

表 28.16.4-8　医用气体管道系统竣工验收总系统检验

医院____________方案____________
文件编号_________日期____________
供气系统功能性检验
特此证明以下气源已经按 27.16 进行检验，结果符合规范。

气源	承包商代表名称/签名	第三方机构/签名
汇流排		
液氧装置		
医用分子筛制氧设备产品		
医用空气压缩机		
牙科空气压缩机		

（续表）

气源	承包商代表名称/签名	第三方机构/签名
医疗设备用空气压缩机		
医疗真空吸引机组		
牙科真空吸引机组		
麻醉废气/呼吸真空吸引机组		
制氧机		

业主代表______________
见证______身份______
签字______日期______

表 28.16.4-9　医用气体管道系统竣工验收总系统检验

医院______方案______
文件编号______日期______
报警系统
特此证明以下医用气体管线系统警告系统已经按照 27.17 进行检验，内容如下：

系统	O_2	N_2O	N_2O/O_2	MA-4	手术用空气	VAC
规定的报警压力						
观测的报警压力						
发出的报警						
恢复正常						
标记						
所有场所的所有功能						
备用电源						

承包商代表
身份______签字______
日期______名称______
第三方机构监督员
身份______签字______
日期______名称______
业主代表______________
见证______身份______
签字______日期______

表 28.16.4-10　医用气体管道系统竣工验收总系统检验

医院__________方案__________

文件编号________日期__________

校验图纸

特此证明按照 28.5 下列系统装配竣工图记录了合同图纸所有变动：

系统	图纸数量	承包商代表（身份/名称）	合同监督员（身份/名称）	日期
O_2				
N_2O				
N_2O/O_2				
MA-4				
器械空气				
VAC				
AGS				
氦气/氧气混合气				
二氧化碳				

业主代表

见证__________身份__________

签字__________日期__________

表 28.16.4-11　医用气体管道系统竣工验收总系统检验

医院__________方案__________

文件编号________日期__________

按 28.13、28.14 进行测试，各气体系统管线供气质量如下特此证明

气体和来源	微粒	油	水	CO	CO_2	NO 和 NO_2	SO_2	多检验管（可选）	气味	如果参数符合，请打勾
氧气。自 PSA 装置	75 L 样品中无可见颗粒物	≤0.1 mg/m³	≤67 vpm (≤0.05 mg/L 大气露点 -46℃)	≤5 mg/m³；≤5 ppm V/V	≤300 ppm V/V	≤2 ppm V/V	≤1 ppm V/V	无褪色	无	
氧化亚氮	75 L 样品中无可见颗粒物	—	≤67 vpm (≤0.05 mg/L 大气露点 -46℃)	—	—	—	—	无褪色	安全未进行	
氧化亚氮/氧气混合气	75 L 样品中无可见颗粒物	—	≤67 vpm (≤0.05 mg/L 大气露点 -46℃)	—	—	—	—	无褪色	安全未进行	

（续表）

气体和来源	微粒	油	水	CO	CO_2	NO和NO_2	SO_2	多检验管（可选）	气味	如果参数符合，请打勾
医疗空气和器械空气	75 L样品中无可见颗粒物（针对医用空气）和175 L样品（针对手术用空气）	≤0.1 mg/m^3	≤67 vpm（≤0.05 mg/L大气露点 -46℃）	≤5 mg/m^3；≤5 ppm V/V	≤900 mg/m^3；≤500 ppm V/V	≤2 ppm V/V	≤1 ppm V/V	无褪色	无	
牙科用压缩空气	75 L样品中无可见颗粒物	≤0.1 mg/m^3	≤1 020 vpm（≤0.78 mg/L大气露点 -20℃）	≤5 mg/m^3；≤5 ppm V/V	≤900 mg/m^3；≤500 ppm V/V	≤2 ppm V/V	≤1 ppm V/V	无褪色	无	
合成空气	75 L样品中无可见颗粒物	—	≤67 vpm（≤0.05 mg/L大气露点 -46℃）	—	—	—	—	无褪色	无	
氧气来自液氧或者气瓶	75 L样品中无可见颗粒物	—	≤67 vpm（≤0.05 mg/L大气露点 -46℃）	—	—	—	—	无褪色	无	
氦气/氧气混合气O_2，<30%	75 L样品中无可见颗粒物	—	≤67 vpm（≤0.05 mg/L大气露点 -46℃）	—	—	—	—	无褪色	无	

承包商代表
身份________签字________
日期________名称________
第三方机构监督员
身份________签字________
日期________名称________
药监质量管理人员
身份________签字________
日期________名称________

业主代表
见证________身份________
签字________日期________

表 28.16.4-12　医用气体管道系统竣工验收总系统检验

医院________方案________
文件编号________日期________
测试医用气体管线用工作气体和检测仪器如下：

气体和来源	顺磁式氧分析仪读数	导热仪/红外线仪表读数	二氧化碳检测管指示	真空探头
氧气，自液氧或者气瓶		—	—	—
氧气，自制氧机		—	—	—
一氧化二氮				—

（续表）

气体和来源	顺磁式氧分析仪读数	导热仪/红外线仪表读数	二氧化碳检测管指示	真空探头
一氧化二氮/氧气混合气			—	—
医用，手术用和牙科用空气		—	—	—
合成空气		—	—	—
真空	—	—	—	
氮气隔离气体			—	—
氦气/氧气混合气 检验 1 检验 2			—	—

承包商代表
身份______________ 签字______________
日期______________ 名称______________
合同监督员
身份______________ 签字______________
日期______________ 名称______________
药监质量管理员
身份______________ 签字______________
日期______________ 名称______________
由代表______________________________
见证______________ 身份______________
签字______________ 日期______________

完工证书

医院__________________________　　第三方机构__________________________
确认以下检验已经进行：
　　机械功能检验
　　质量和气体标识检验
　　遵照《医用气体工程技术规范》GB 50751—2012 要求检验结果符合要求。
签字______________
药监质量管理员签字______________
承包商代表签字______________
业主负责人员（MGPS）代表 Trust/其他
见证______________
其他建筑运营商/业主
日期______________
我们，____________承包商
接受对上述系统的责任，并遵照《医用气体工程技术规范》和工作许可证程序承担将来的任何责任
签字______________
日期______________

第 5 篇

医用气体系统运维管理

第 29 章　管理架构及人

29.1　医用气体运维管理架构

29.1.1　医用气体系统管理架构图

医院可根据自身等级、规划和发展，设置相对应的医用气体系统管理架构，明确各级机构和岗位人员职责（图 29.1.1），以保障医院医用气体系统日常运维及应急抢修时的管理流程和操作的稳定及安全。

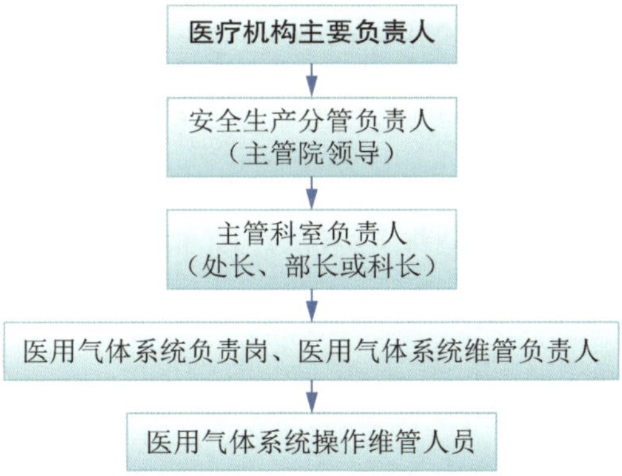

图 29.1.1　医疗机构医用气体系统管理架构图

29.1.2　医用气体系统管理架构职责

1　医疗和疾控机构主要负责人

1）对全院所有安全运维工作负有领导及决策责任。

2）任职要求：由医院法人或正院长担任。

2　安全生产分管负责人职责

1）统筹全院医用气体系统的安全规划建设与运维管理，主持统一领导工作。

2）任职要求：一般应由医院主管后勤或医工的院领导担任。

3 主管科室负责人

1）应熟悉医用气体系统的工作原理和运行特点，具有安全意识、应急指挥能力，统筹协调医院内多部门合作。

2）定期检查下属项目管理人员的工作情况和医用气体系统的工作状态，对检查结果进行统计和分析，发现问题应及时处理，还应对系统运行和管理提出意见和建议，指导实施建设与运维全流程。

3）任职要求：应由主管处、科室主持工作的人员担任。

4 医用气体系统负责岗、医用气体系统维管负责人

1）了解各种医用气体设备的工作原理及运维特点，具体负责全院医用气体系统及相关设备的采购及运维工作执行并提出建议。

2）任职要求：应持有《特种设备安全管理和作业人员证》（A 项目）等上岗证件。

5 医用气体系统操作维管人员

1）掌握医用气体设备和系统的工作原理和特点，熟练掌握防火和灭火的基本技能；经过感染控制、安全技术、操作和维修等岗位的学习，掌握医用气体设备和系统的工作原理和运行特点，具有安全意识和紧急处理能力。并根据其职责进行相应的学习和考核，考试合格后方可上岗。

2）任职要求：应持有压力容器操作上岗证、焊接、电气工程资格证。

29.2 运维管理人员岗位要求

29.2.1 维管人员职责

1 签署工作令，确认工作内容及隔离区域。

2 隔离工作区域（在主管监督下）并指示施工内容。

3 施工结束后，应在主管监督下执行整个系统的完整性测试。

4 签署工作令，表明工作结束并交给主管。

5 如是外包施工，承包商应提供相应的安全措施，以及质量、健康、安全合规申明。

29.2.2 维管负责人员职责

1 向医院主管科室负责人提交气体中断供应申请，并获得签字确认。

2 起草工作令及相关警示牌，并向维管人员做详细说明。

3　提供配套的相关施工图。

4　见证、监督、确认完工后的测试结果及气体的恢复供应。

5　通知主管科室负责人工作完成并移除警示牌。

6　监督并确认所有文件的修改，并保留原始文件。

7　完工后应再次提交工作令给主管科室负责人签字。

29.2.3　主管科室负责人职责

1　签署并同意工作内容。

2　通知受影响科室负责人关于医用气体项目施工内容并告知影响程度。

3　工作结束后签署工作令确认工作完工。

4　通知受影响科室负责人恢复供气。

29.2.4　用气部门（临床部门）负责人员职责

1　签署工作令意见，同意停气施工。

2　通知并指导医护人员做好停气期间的临时应急供气措施。

3　完工后签署确认供气恢复。

29.3　医用气体系统运维管理

29.3.1　医用气体从业人员运维管理

1　医疗机构内医用气体运维人员

1）根据医院自身使用情况，对医用气体及医用气体系统设备的种类、数量及分布建立健全管理制度及流程，人员由医院人事部门自主招聘。

2）根据其职责进行相应医用气体运维学习和考核，考试合格后方可上岗。

2　医用气体系统运维承包商管理

1）具备医用气体相关的安全从业资质，涉及医用气体系统压力管道施工、改造的单位，须具备《特种设备改造维修许可证》（压力管道 GC2 级或以上）等资质。

2）承包商应确保参与维修或操作工作的人员都接受过相关训练，并取得国家规定的相关资质，如压力容器操作证、电工证及焊工证等。

3）一般不建议二级分包，如承包商需要二级分包，应得到医疗卫生机构的书面批复。

4）医院主管科室应确保承包商的施工人员了解医用气体并具备相应资质。

5）医院主管科室签发工作令之前，承包商不得进入施工区域检查或施工。

6）承包商应及时提供施工人员健康证明，并由医院主管科室存档(针对突发公共卫生事件)。

7）医院主管科室应负责监督整个施工过程并确保完工。

8）承包商完成工作后应提交报告给主管科室，并由主管科室签字确认后方可离开施工区域。

9）承包商应提供应急维修服务，并负责备件库存。

注：目前国内并没有专业的医用气体相关的从业人员专业资质。

3 医用气体供应商管理要求

1）所有供应商都应遵守服务医疗机构的安全管理制度，其从事一切工作都应取得主管部门或相关部门的许可。

2）承包商提供的所有产品或服务在应在合同中准确定义；医用气体供应商应对每一批次的医用气体产品向医疗机构提供检测报告和合格证。

3）医用气体的供气源公司需具备相应的《药品注册批件》、《危险化学品经营许可证》或《安全生产许可证》、《药品生产许可证》或《药品经营许可证》等资质。

4）承担医用气体运输工作的供应商或承运单位需具备相应的《道路运输经营许可证》或《道路危险货物运输许可证》。

29.3.2 医用气体系统从业人员的安全管理要求

1 在主管科室负责人领导下，负责全院各类医用气体及医用气体系统设备入库验收、发放等运维管理工作。

2 自觉遵守医院各项规章制度，严格遵守医用气体管道系统安全管理制度、消防安全制度、劳动纪律，认真执行压力容器设备的操作规程，服从科室安排，团结同事，齐心协力完成本职工作。

3 坚守岗位，集中思想，严格操作，当班时不喝酒，不脱岗，不闹事，不做与工作无关的事情，禁止在医院内部吸烟，杜绝明火。

4 严格执行 24 h 轮班制度，每 2 h 做好巡检工作。接班时认真复核交班记录，对有问题部分实行重点关注或检修；上岗时对中心供氧点或各汇流排设备设施做好定期巡查，及时更换液氧罐或气瓶，保证全院供气稳定安全，并做好记录登记；交班时如接班人员未到岗不能提前离岗，接班人员到岗后，做好工作交接，并一同核对好交班记录。

5　严格执行操作规程，正常操作和维护医用气体系统设备，正确使用维修工具、防护工具和消防器材。

6　日常做好用气设备设施的保养、检修和检验工作，发现异常情况时按照科室应急流程及时处理，并立即向主管领导汇报，事后做好记录。

7　气瓶的收货、发货严格按照气瓶派发流程执行，认真核实数量及品种，并按照不同种类放置，确保不发生错误。

8　统计各科室气体耗用数量，根据临床使用情况做好各类医用气体的采购数量统计工作，并按时上交报表，做到数据准确、清晰。

9　协助和监督维保单位对供气及对讲设备的维修保养工作。

10　对气体供应商供应的气体质量、数量以及服务行为进行管理、监督。

11　工作人员疏忽造成气体供应压力不足或供气中断影响临床工作的，应按医院管理办法进行处罚。

12　进入医用气体汇流排间前，应先察看站房设置的氧浓度监测装置，确认氧浓度数值正常后方可进入，并确保室内的进排风系统运行正常。

29.3.3　医用气体系统从业人员培训管理

1　医用气体系统从业人员应定期（每年至少 1 次）接受医用气体专业应急培训，所有培训均应有记录。

2　医用气体管理层负责人应组织确保所有医用气体系统使用者在使用气体之前接受维管或主管的培训。

3　培训应包括理论和实践培训频次

1）消防安全培训每年至少 1 次。

2）医用气体系统专业技术培训每季度 1 次。

3）钢瓶使用及搬运培训每年至少 1 次。

4）临床科室医用气体操作及应急培训每年至少 1 次。

4　医用气体运维人员培训内容

1）熟悉医用气体系统的检查，包括授权制度。

2）熟悉《医用气体工程技术规范》GB 50751 等规范对产品的规定和要求。

3）熟悉《医用气体工程技术规范》GB 50751 等规范对系统的验证规定和要求。

4）熟悉系统的运行管理。

5 操作维管人员培训内容

1）熟悉设备及系统的理论知识。

2）熟悉机组设备上监测报警的基本故障检查及处理。

3）熟悉工作令制度。

4）了解系统施工原理及实践操作。

5）了解管道焊接及安全要求。

6）熟悉医用气体系统的应急预案处理流程。

7）熟悉医用气体系统施工的健康、安全保障措施。

8）能阅读施工图。

9）了解机组设备及系统的维护流程。

10）了解医用气体系统的测试及质量控制要求。

11）了解医用气体系统设备授权制度。

6 维管负责人培训内容

在操作运管人员基础上，还需要了解：

1）熟悉医院医用气体及医用气体系统的配置、种类及管理办法。

2）熟悉医用气体系统的合同管理及对操作维管人员的管理。

3）熟悉医用气体设备的性能及要求。

4）了解医用气体系统的上限能力及局限性，包括改进要求、设备更换、系统的合规要求等。

5）熟悉医用气体系统文件记录及存档。

6）熟悉医用气体系统的应急预案。

7）熟悉医用气体运行管理的执行及监督。

8）熟悉医用气体系统的测试及质量控制要求。

7 临床科室负责人（护士长）培训内容

1）了解医用气体系统基本原理及安全要求。

2）了解钢瓶的基本安全要求。

3）熟悉授权制度及供气中断流程。

4）了解医用气体系统流量上限。

5）了解基本故障处理，包括报警系统的报警含义及应急隔离流程。

6）了解医用气体系统的运行管理制度。

7）熟悉医用气体的应急预案。

8）了解授权制度。

8 钢瓶搬运工培训内容

1）了解压缩气体及低温液态气体的危害。

2）熟悉钢瓶的色标。

3）熟悉处理损坏钢瓶的措施。

4）熟悉钢瓶阀门的操作。

5）熟悉钢瓶的储存和搬运。

6）熟悉钢瓶使用前的准备。

7）熟悉钢瓶与医疗设备及汇流排的连接及断开。

第 30 章　管理制度

30.1　人员管理制度要求

30.1.1　基本原则

1　医疗卫生机构应根据《医用气体工程技术规范》GB 50751 的规定及单位的供气需求，制定医用气体设备的巡视时间、检查内容、工作要求等内容，并安排操作人员进行巡视检查，发现故障和隐患及时处理，如实填写相关记录，并根据记录及时更新医院医用气体系统的运行管理制度。

2　对医用气体系统中不满足《医用气体工程技术规范》GB 50751 规定的内容，应委托第三方检测机构做风险评估；高风险级别的内容应立即制定并执行改进计划。

3　医院应确定安全生产责任人，实施安全操作规程和安全措施计划，定期对医用气体设备进行安全检查（每月至少 1 次），压力容器、压力管道及安全附件应按规定进行定期检验。

4　医用气体操作人员在设备运行和故障处理时，应严格执行医院运维管理制度及流程中规定的规范操作和事故处理流程。

5　值班人员应按规定对医用气体系统进行巡视检查，发现问题及时处理并上报，当医用气体系统发生紧急情况时应及时采取应急措施。

6　任何对医用气体系统的改扩建及维护保养均应经过主管人员的审批，并且医用气体系统应每年按照计划进行设备维护保养，医用气体设备维护应包括备用系统和报警系统的功能测试。

7　医疗机构内的医用气体系统的外包服务应符合国家和地方有关规定，并满足资质要求。

8　医用气体应保证采集的气源、排放的医疗废气符合《医用气体工程技术规范》

GB 50751 的相关要求，不应对医院及周边环境造成影响。

9　应制定应急预案，并定期实施应急演练。

10　设备采购部门在购买需连接到医用气体系统的设备时，应咨询医用气体系统主管科室或负责人的意见，以确保医用气体系统运行安全，能够在特定压力下满足流量需求。

30.1.2　工作令管理制度

1　维管人员均应接受过制造商对医疗卫生机构内医用气体、医用真空及麻醉废气排放系统内每个设备的培训，并有培训档案记录。

2　维管人员上岗前必须经过国家相关机构的培训及考核，并持证上岗。

3　维管人员在执行任何医用气体系统的操作前应签发工作令，工作令应包括工作范围；工作令结束后投入运行前，应提供相关满足运行要求的测试报告。

4　工作令内容不得修改；如工作内容有变更，应签发新的工作令。

5　医用气体系统承包商应具备医用气体施工资质。

6　医用气体维管工程师施工期间不得擅自离开施工现场，施工暂停期间应采取合适的预防措施确保非工作人员进入施工区域；如需交接班，应有交接班记录。

7　施工期间所有相关人员应始终履行职责，维管主管应能随时保持联系。

8　工作令的颁发与管理应符合下列规定：

1）工作令应一式三联，应分别由维管工程师、维管负责人员及医疗机构安全管理人员（含消防安全管理人员）分别签字后方可生效，原始联由维管负责人员（主管）存档；文件在整个系统全生命周期内有效。

2）如维管工程师的工作联丢失，可记录在原始联或安全管理人员的一联，并追加维管人员的签字及日期。

3）工作令应包括清晰、准确的施工内容，并给出预计的施工时间；维管工程师不得超越工作令内容范围对医用气体系统进行施工，并严格禁止更改工作令的内容。

4）医疗机构内应至少有 2 个具备签发工作令资格的医用气体维管负责人员；维管负责人员签发工作令给维管工程师或承包商；如由维管负责人员执行该工作令时，应代表维管工程师签字。

5）工作令应保留原始签字文件并由维管负责人员存档。

6）工作结束之前不得颁布同一区域的新工作令。

7）医用气体系统应在工作完成且所有相关维管人员签字后方可投入使用。

8）若维管人员丢失工作令，应立即通知维管负责人员，在其他工作联做记录，并有所有相关人员的签字确认。

9）工作令管理应包括医疗机构内医用气体系统的预防性维护、设备维修、整改及扩建。

10）未投入运行的医用气体系统经过调试并出具验收报告后需要修改的，应颁发整改工作令。

工作令模板见表30.1.2-1～表30.1.2-3。

表30.1.2-1　医用气体系统设备运维保养工作令

年月：　位置：　设备型号：　维保单位：　维保单位主管：　主管部门：　主管人员：

时间	项目名称	运维保养周期(h)				保养内容	厂家人员	维保人员	备注
		500	2 000	4 000	8 000				

表30.1.2-2　医用气体系统设备维修工作令

年月：　位置：　维保单位：　维保单位主管：　主管部门：　主管人员：

时间	项目名称	应急维修原因	应急维修内容	时长(h)	维保人员	临床签名
温馨提示：维修期间请临床科室必须有相关负责人在场协调及验收，在此感谢您的支持与配合。						

表30.1.2-3　医用气体系统设备施工工作令

年月：　施工单位及主管人员：　监理单位及主管人员：　主管部门及主管人员

时间	项目名称	项目地点	施工内容	施工资质	动火证	预计时长(天)	备注

9　工作令的取消应符合下列规定：

1）维管工程师应签署取消原因并报告维管负责人员；维管工程师和维管负责人员应确保未施工的医用气体系统处于安全状态。

2）如无法立即颁发新的工作令回复维管人员，应撤离所有的施工设施至安全区域。

3）维管负责人员应通知医疗机构主管负责人员，必要时应采取其他保障措施。

4）重新施工应颁发新工作令，并随附原工作令做参考。

10　如管道系统的施工影响供气，应符合下列规定：

1）维管负责人员应至少提前 48 h 向医疗机构主管负责部门及受影响区域的主管负责人员提交申请单并由其签字确认。

2）申请单应明确影响的范围、程度并明确施工期间科室主管负责人员应在受影响区域协助相关事宜。

3）维管负责人员应协助提供施工期间的临时供气方案。

30.1.3　运行管理制度

1　对本单位的医用气体系统运行工作全面负责，保障本单位医用气体系统符合规定，掌握单位医用气体运行情况，拟定医用气体年、季、月工作计划。

2　制定管理制度、操作规程，组织实施医用气体日常运行管理工作。

3　确定安全生产责任，实施安全管理制度、安全操作规程和安全措施计划，并定期组织实施安全检查及整改工作。

4　发生事故时应及时查清原因，分清责任，采取防范措施，对事故责任人提出处理意见，并向医院领导汇报。

5　医用气体管道系统运维管理部门应组织制定应急预案，并定期实施应急演练。

30.1.4　交接班制度

1　交班人员在交班前应提前 30 min 对设备运行情况做一次全面检查，必须具备交班条件才能交班。

2　接班人员应提前 15 min 到达，做好接班准备，认真查阅交班记录，了解上一班设备运行情况。

3　交接班时，应按顺序检查下列内容：

1）医用气体生产设备工作良好，医用氧气、医用空气、医用真空的压力在正常范围内。

2）各安全附件、电器、仪表状况正常，设备运转正常（声音、温度、露点、转速无异常）。

3）液氧站房、空压机站房、真空汇站房、汇流排间、气体钢瓶库房及制氧机房应保持锁闭。

4）工作场所清洁、整齐，工具和配件放在指定地点且无短缺。

5）已真实、清楚地填写运行记录，且无遗漏。

4 交班人员应口头向接班人员介绍设备运行情况及发现的问题和处理意见。

5 交班人员在运行记录上签名后交予接班人签名，完成交接班。

6 交接班时，如遇发生设备故障，应暂停交接班，待故障处理完毕后再行交接班。

7 交接班时若发现接班人员未到，交班人员应及时联系接班人员，如无法联系，应立即报告主管负责人，等待安排期间不得擅自离开岗位，待安排的接班人员到达后再进行交接班。

30.1.5 值班制度

1 医用气体系统值班岗位应执行 24 h 值班制度。

2 值班人员应提前 15 min 到达值班岗位，按交接班制度及流程进行交接班。

3 应坚守岗位，不得串岗，不得做与值班无关事情。

4 气源设备站房（液氧站房、空压机站房、真空汇站房、汇流排间、气体钢瓶库房及制氧机房等）应保持锁闭。

5 应按有关运行管理标准和作业规程对系统设备进行巡查、维护、保养及维修。

6 值班人员应认真做好值班记录和巡查记录，认真执行交接班制度。

7 值班人员因特殊情况需要调班时，必须事先联系好代班人员，并报主管负责人同意后方可调班。

8 相关科室、部门来人或来电报修时，应及时进行维修登记，并立即通知有关人员前往维修，完工后负责签收维修结论。

9 未经批准，非工作人员不得进入设备机房。

10 应着工装上岗，保持设备机房环境卫生，机器设备清洁无灰尘。

11 如遇特殊事故，应及时汇报上级管理人员，并按突发事故处理程序进行处理。

30.1.6 巡视检查制度

1 所有医用气体设备应符合《医用气体工程技术规范》GB 50751 的规定。

2 医用气体设备应由维管工程师或承包商定期检查，确定巡检人员、时间、路线、检查内容和要求。任何隐患或故障应立即处理；无法处理时，应立刻向主管汇报。

3 报警系统应定期测试，并采用专用设备对压力开关或传感器进行测试。

4 应急备用供应源应每季度进行运行测试，确保额定流量下压力损失满足《医用气体工程技术规范》GB 50751 的要求。

5 所有检查应有巡检记录，维管负责人员应对记录进行检查。

6 日常巡检应包含以下内容：

1）检查所有气源机组、汇流排和报警设备功能显示是否有异常，显示器是否损坏或缺失。

2）所有气源机组及汇流排压力表是否正常。

3）所有气源机组及汇流排是否有异常噪声、过热表象或异常振动。

4）检查所有气源机组的油位（含油气源设备）。

5）检查并记录储液槽罐的压力及液态气体容量，同时检查该气体管道压力是否正常。

6）检查应急汇流排压力，如压力低于设定值且没有报警，应立即通知主管。

7）确保储液槽周围的门及护栏没有损坏。

8）进入各种气体的医气汇流排间前，应提前察看站房外设置的氧浓度监测仪读数，确认氧浓度数值正常后方可进入，且要保证室内的进排风系统正常。

9）除上述内容之外的设备供应商说明书要求的日常巡检内容。

30.1.7 每周巡检制度内容

1 规章制度执行情况。

2 所有站房及气瓶库房安全警示标识是否显示清晰。

3 设施设备的完好状况、操作情况。

4 安全附件、装置的齐全、灵敏、可靠和定期校验情况。

5 设施设备定期检验和修理、改造执行情况。

6 焊缝及绝缘保护层是否完好。

7 管道吊架的腐蚀和支承情况，管架、基础完好情况。

8 阀门等是否腐蚀、变形等。

9 设备带电气插座是否有打火、烧坏痕迹，是否有松动现象。

10 压力表、爆破片等安全保护装置运行状况及检验日期。

11 所有电机防护罩是否完好。

12 站房内是否有可燃物及其他无关物品堆放，并确保足够的维修通道。

13 所有钢瓶是否固定，标识是否正确清晰。

14 除上述内容之外的设备供应商说明书要求的每周巡检内容。

30.2 设备运维管理制度要求

30.2.1 氧气贮罐及站房运维管理

1 氧气站周边须设置明显警示标志和防火标识，并定期巡检确保灭火器材齐全、有效。

2 氧气站四周应设围墙或围栏，各种气体及低温液体储罐周围应设安全标志，必要时设单独防撞围栏或围墙，储罐本体应有相关标识。

3 氧气站的氧气、氮气等放散管和液氧、液氮等排放管均应引至室外安全处。

4 氧气站围护结构上的门窗，应向外开启，并不得采用木质等可燃材料制作。

5 凡与氧气接触的设备、管道、阀门、仪表及零部件严禁沾染油脂，氧气压力表必须设有禁油标志。

6 液氧贮罐周围严禁堆放易燃易爆物品，现场不准堆放与生产无关的其他物品。

7 氧气站房宜安装氧浓度检测仪、入侵报警装置和视频监控装置。

氧气站房运维巡检工作令模板见表30.2.1。

表30.2.1 氧气站房运维巡检工作令

年月： 位置： 设备型号： 维保单位： 维保单位主管： 主管部门： 主管人员：

时间	运行状态	站房温度（℃）	1号罐体压力（MPa）	1号罐输出压力（MPa）	2号罐体压力（MPa）	2号罐输出压力（MPa）	气化器	压力表	安全阀	问题及跟进	巡检人员

30.2.2 医用空气源及站房运维管理

1 医用空气源应设置应急备用电源。

2 医用空气气源应远离污染，室内进气应确保空气质量等于或优于室外。进气口应采取防止异物进入措施，机组应设置过滤除菌设备。

3 空压机入口的空气过滤器应设置滤芯性能监视措施，并按规定定期清扫或更换滤料。

4　空压机运行过程中发现不正常的声响、气味、振动或发生故障，应立即停机检查。

5　空压机在启动前应检查的所有防护联锁装置和安全附件，并确认处于完好状态，方可启动。

6　开机前应检查设备的安全防护装置、仪器、仪表，并确认阀门开、关状态。

7　压缩机检修时，应对润滑油系统进行严格的检修，检修后还应进行清扫和调试，检修后应彻底清理，严防异物进入或遗留在设备内。

8　应每半年对相关配电设备进行一次清扫和紧固等保养工作。

9　医用空气源应根据实际需求，定时检查压力、露点、温度、运行状态等参数。

10　医疗空气不得与器械空气共用压缩机组。

医用空气压缩机组运维巡检工作令模板见表 30.2.2。

表 30.2.2　医用空气压缩机组运维巡检工作令

年月：　　位置：　　品牌型号：　　维保单位：　　维保单位主管：　　主管部门：　　主管人员：

时间	运行状态	设备温度（℃）	输出压力（MPa）	露点温度（℃）	CO（%）	电控柜检查	空气质量	干燥机	设备设施紧固	问题及跟进	巡检人员

30.2.3　医用真空汇及站房运维管理

1　医用真空不得用于三级、四级生物安全实验室及放射性沾染场所。

2　独立传染病科医疗建筑物的医用真空系统宜独立设置。

3　牙科专用真空汇应独立设置，并应设置汞合金分离装置。

4　医用真空汇应设置应急备用电源。

5　医用真空汇机组应独立设置机房，不与其他医用气体设备设置于同一房间，避免造成交叉感染或污染。

6　医用真空汇宜设置细菌过滤器或采取其他灭菌消毒措施，当采用细菌过滤器时，医用气体细菌过滤器应符合下列规定：

1）过滤精度应为0.01～0.2 μm，效率应达到99.995%。

2）应设置备用细菌过滤器，每组细菌过滤器均应能满足设计流量要求。

7 定期排放负压罐及排污罐内污物，液环式真空泵水箱的污水应定期进行更换。

8 采用水环真空泵设备的排水管宜采用非间接排水，并进行密封。

9 应每半年对相关配电设备进行一次清扫和紧固等保养工作。

10 医用真空汇应根据实际需求，定时检查压力、水温、电动机温度、电流等参数。

11 操作人员对医用真空系统的设备、过滤器、管道、集污罐等进行作业前，应考虑系统内可能已混入了有毒或感染物质，做好卫生防护措施，污染物应按照医疗废弃物处置。

医用真空汇机组运维巡检工作令模板见表30.2.3。

表30.2.3 医用真空汇机组运维巡检工作令

年月： 位置： 品牌型号： 维保单位： 维保单位主管： 主管部门： 主管人员：

时间	运行状态	设备温度（℃）	输出压力（MPa）	联轴器紧固	润滑油油位	电控柜检查	污物罐清洁	负压过滤	设备紧固	问题及跟进	巡检人员

30.2.4 汇流排及站房运维管理

1 医用气体汇流排不应设置在地下或半地下建筑内，并符合下列规定：

1）汇流排间只存放该汇流排使用的医用气体，不得存放其他种类的医用气体，储存区应分为满瓶区和空瓶区，并应采取防倾倒措施。

2）汇流排间应防止阳光直射，地坪应平整、耐磨、防滑、受撞击不产生火花，并应有防倾倒设施。

3）汇流排间气瓶的数量应控制在日常运行和储存数量的最低要求，汇流排房间不得用作其他用途。

2 医用气体钢瓶应设置专用库房，并应符合下列规定：

1）医用气体的存储库不应设置在地下空间或半地下空间，存储库内不得有地沟、暗道，库房内应设置良好的通风、干燥措施。

2）库房内气瓶应分实瓶区、空瓶区布置，并应设置明显的区域标记和防倾倒措施。

3）瓶库内应防止阳光直射，严禁明火。

3　医用气体气源站、医用气体瓶库的房间内宜设置相应气体浓度报警仪。房间换气次数平时不少于 3 次/h，事故时不少于 12 次/h。

4　存储医用气体气瓶房间内温度不得超过 40℃。

5　毒性气体实瓶和瓶内气体相互接触能引起燃烧、爆炸、产生毒物的实瓶，应当分室存放，并在附近配备防毒用具和消防器材。

6　医用气体气瓶存放时，应旋紧瓶帽，放置整齐，留出通道。气瓶立放时，应设有防倾倒装置；卧放时，应防止滚动，头部朝向一方，堆放气瓶不宜超过五层。

医用汇流排运维巡检记录表见表 30.2.4。

表 30.2.4　医用汇流排运维巡检记录表

年月：　位置：　品牌型号：　维保单位：　维保单位主管：　主管部门：　主管人员：

时间	运行状态	站房温度（℃）	左边输入压力（MPa）	左边输出压力（MPa）	右边输入压力（MPa）	右边输出压力（MPa）	站房氧浓度（%）	气瓶数量	更换数量	问题及跟进	巡检人员

30.2.5　管道产品及报警设备运维管理

1　气体终端运维管理

1）检查每个气体终端标识是否清晰，如发现标识模糊或损坏，应立即更换标识或终端。

2）检查每个气体终端插拔性能，如发现插拔机械故障应立即维修或更换。

3）检查每个气体终端密封性能，设备拔出后应立即自动密闭，如有气体泄漏、声响等现象，应立即维修或更换。

4）检查每个气体终端流量，如发现明显下降，应立即维修或更换。

5）除上述内容之外的设备供应商说明书要求的巡检内容。

2　报警设备运维管理

1）检查报警面板及可视范围内的缆线是否有损坏。

2）启动自测功能检查声光报警功能是否正常。

3）断电并打开报警面板检查内部是否有部件松动、损坏及电池腐蚀状况，如发现异常，应立即维修或更换。

4）重新供电后报警设备应立即恢复正常。

5）除上述内容之外的设备供应商说明书要求的巡检内容。

3 阀门及区域阀门箱运维管理

1）检查阀门或区域阀门箱是否清洁。

2）检查阀门或区域阀门箱开、关状态。

3）检查阀门及阀门箱标识是否正确清晰。

4）除上述内容之外的设备供应商说明书要求的巡检内容。

4 吊塔的运维管理

1）检查吊塔的软管及终端是否有明显泄漏，必要时应由供应商检测。

2）检查吊塔的旋转、伸缩移动、刹车等功能是否正常。

3）除上述内容之外的设备供应商说明书要求的巡检内容。

30.2.6 气瓶储存间运维管理

1 应急备用氧气的钢瓶供应量应储备保证生命支持区域 24 h 以上的用氧量，其他气体应储备至少不低于 3 天的用气量。

2 各类气瓶必须按规定采购粘贴有充装产品合格标签的气瓶，并采用符合气瓶安全技术规程要求的气瓶盛装气体。

3 严禁氧气瓶和可燃气体及含油物品存放在一起。

4 氧气瓶不应与易撞击物堆放在一起，也不得放在日光曝晒及火源、电源的近处，房间内应满足通风换气要求。

5 医用气体钢瓶不得与非医疗用途气体钢瓶储存在同一库房内。

6 不同医用气体钢瓶应安放在不同的区域，并设有清晰的标识。

7 氧气瓶在搬运、存放、使用等过程中应注意操作安全，动作要轻缓，严禁撞击、敲打，保护好氧气瓶瓶帽、减压阀和压力表等附属设施，免受外力。

8 钢瓶放置时应设有固定措施，以防止气瓶跌落。

9 钢瓶应保持清洁，所有部件不得接触油脂及腐蚀性物品。

10 医用气体钢瓶不得用于非医疗用途供气。

11　未受训人员不得操作钢瓶。

12　钢瓶使用、操作过程中应防止跌落、敲打、滚动或相互碰撞。

13　不得用粉笔或其他涂料在钢瓶上做标识。

14　钢瓶附近不得有明火或烟雾。

15　钢瓶运输应使用合适专用运输工具，运输工具不得含油或油脂，并设有防止钢瓶跌落的措施。

16　钢瓶在运输或使用过程中应保持固定状态。

17　钢瓶上的安全阀、接头等安全部件不得自行更改、拆除或旁通，应由钢瓶供应商负责维修或更换。

18　钢瓶上的标识不得涂改或去除。

19　一旦发现钢瓶泄漏，应立即停止使用，返回给供应商。

20　不得使用钢瓶阀门或防护罩吊装钢瓶。

21　除紧急状态需要给患者持续供气外，钢瓶阀门应保持关闭，使用设备及减压阀内的气体在运输前应释放至大气中。

22　钢瓶供气的呼吸机、氧疗设备等应保证整个系统在运输使用中安全、稳定。

30.2.7　特种设备运维管理

1　使用单位应当按照规定在压力容器投入使用前或投入使用后30天内，向所在地负责特种设备使用登记的部门申请办理《特种设备使用登记证》。

2　使用单位每月对所使用的压力容器至少进行1次月度检查，并应当记录检查情况。月度检查内容主要为压力容器本体及其安全附件、装卸附件、安全保护装置、附属仪器仪表是否完好，各密封面有无泄漏，医用气体其他异常情况等。

3　使用单位应每年对所使用的压力容器至少进行1次年度检查，年度检查按照《固定式压力容器安全技术监察规程》TSG 21 第7.2条的要求进行。年度检查工作完成后，应当进行压力容器使用安全状况分析，并对年度检查中发现的隐患及时消除。

4　使用单位应当在压力容器定期检验有效期届满前1个月，向特种设备检验机构提出定期检验申请，并做好定期检验相关的准备工作。

5　压力容器、压力管道的安全阀、防爆片、压力表等安全附件须在校验有效期内，并存档相关文档。

30.3 消防安全管理要求

30.3.1 安全管理制度

1 医用气体从业人员应经过安全培训，具备专业知识，经考试合格后方可上岗。

2 维管人员负责医院医用气体机房的运行检查，每班巡检医用气体机房，做好防火、防事故工作，严格执行消防状态和停电状态时的应急处理程序。如有不安全因素，必须立即采取有效措施，消除隐患，确保正常的医疗供气。每年配合做好压力表具的校验工作。

3 气体机房应建立安全生产责任制，相关责任人对其所管辖范围的安全负责，管理人员应加强管理，主管部门负责监督检查。

4 气体机房内严禁携带火种、易燃易爆物品进入“禁火区”，应在气体机房醒目位置挂贴“严禁烟火”“安全操作规程”等标识；保证医用气体机房通风、照明良好，灭火器和备用气瓶安放在显著位置。

5 非医用气体维管人员严禁操作气源设备。

6 医用气体系统和相关设备设施应由专人负责维护和保养。

7 医用气体用房与外界相通的入口应安装金属防护门，保持锁闭；窗户应加装金属护栏。

8 医用气体用房应保持良好通风，温度控制在 10～38℃，环境氧浓度保持在 19.5%～23.5%。

9 发生设备故障和医用气体泄漏时应有应急处理措施。

10 各类气瓶必须按规定标注不同颜色的图案和标记，应保持放置场所清洁卫生。

11 氧气瓶的安全帽、防震胶圈应完整。

12 严禁将氧气瓶、可燃气体及含油物品存放在一起。

13 氧气瓶不应与易撞击物堆放在一起，也不得放在日光曝晒下及火源、电源的近处，房间内应满足通风换气要求。

14 开闭氧气瓶应小心谨慎，应慢开慢闭，人应站在侧面；阀门打不开时，严禁火烤氧气瓶，操作者不得使用粘有油脂的工具。

15 各类气瓶应分开运输和存放，严防火灾及爆炸事故。

30.3.2 消防管理制度

1 医用气体站房的防火间距和耐火等级应符合《建筑设计防火规范》GB 50016的规定。

2 医用气体用房严禁使用明火，禁止吸烟，不得存放易燃、易爆和油脂类物品。

3 医用气体站消防器具设置应符合消防部门的规定，定期对消防器具的放置、完好情况及数量进行清点，并做好相关记录。

4 医用气体管道井不得与电缆和其他管道井共用，不得挪作他用。

5 医用气体站区域内禁止动火作业，特殊情况需要动火作业前，应先制定动火方案，并经消防主管部门确认后方可进行。

6 医用气体系统维管人员应学习消防知识和消防器具的使用方法，定期进行消防演习，熟知火警电话及报警方法。

7 应严格执行操作规程，正确维护和操作设备，正确使用维修工具、防护用具和消防器材。

30.3.3 安全教育培训制度

1 以视频、现场授课、组织演练等形式，进行医用气体系统原理、运维、安全等教育。

2 每月组织医用气体系统运维安全学习，分析医用气体系统故障情况，确保维管人员熟悉、掌握有关规定和安全知识。

3 对新上岗的员工进行岗前安全培训和考核，并留存记录。

4 新设备、新技术投入运行前，对所有管理和操作人员进行培训，并留存记录。

30.4 档案管理制度

档案资料应详实，能全面反映医用气体系统的布局与工作情况，附有必要的图表，并根据变化及时更新。

30.4.1 管理类档案

1 文档、图纸、记录的管理。

2 供应源管理。

3 设备维修、维护保养管理。

4 配件及耗材使用管理。

5 工作令管理。

6 气瓶贮存和搬运管理。

7 人员培训。

8 安全管理。

9 应急管理。

10 承包商管理。

30.4.2 维保资料类档案

1 中标通知书。

2 项目合同。

3 外委方公司资质。

4 外委方人员资质及名单。

5 外委方公司内部培训记录。

6 安全技术交底。

7 相关方危险提示卡。

8 安全教育确认表。

9 相关方每月专项检查记录。

10 日常维保记录。

30.4.3 技术类档案

1 医用气体总平面图。

2 医用气体站房建筑图。

3 医用气体站平面图。

4 医用气体设计说明。

5 医用气体(管道)系统中心站流程图。

6 医用气体(管道)系统中心站设备安装图。

7 医用气体管道系统图。

8 各楼层医用气体平面图。

30.4.4 运行记录类档案

1 医用气体站外来人员进出登记记录。

2 交接班记录。

3 员工培训记录。

4　医用气体设备运行记录。

5　医用气体设备维护保养记录。

6　医用气体设备维修记录。

7　医用气体气源巡检记录。

8　医用气体管道及终端设施巡检记录。

9　医用气体入库及配送记录。

10　医用气体危险品每日巡查记录。

30.4.5　项目工程类档案

1　进场前期

1）工程技术文件报审表（附施工组织设计）。

2）分包单位资质报审表（附企业资质）。

3）项目管理人员名单（附资格证书复印件）。

4）施工队伍人员名单（附身份证复印件及特殊工种上岗证复印件）。

5）进场手续及安全协议。

6）对施工队进行现场及书面的安全、技术交底并存档。

2　材料进场

1）工程物资进场报验表（附材料构配件进场检验记录、产品合格证、检测报告等）。

2）材料进场的票据、进场时间、数量、经手人记录。

3）材料的产品合格证、检测报告等（如出具的时间、时效、有无单位盖章）。

4）分项/分部工程施工报验表（附隐蔽工程检查记录、检验批次、质量验收记录表）。

5）交接检查记录。

3　竣工验收

1）设计图纸与修改核定文件。

2）竣工图纸。

3）施工单位文件与检验记录。

4）监理报告。

5）设备使用说明与维护手册。

6）材料证明报告。

7）压力表、安全阀等检验合格证。

30. 4. 6 档案保管部门

医院可根据本单位的实际，在医用气体系统主管部门设专人保管档案，也可由医院档案部门统一保管。

30. 4. 7 档案保存时间

1 管理类档案与技术类档案应与医用气体系统档案同期保存。

2 医用气体系统废止后原技术类档案应继续保存 5 年及以上，原管理类档案应保存 2 年及以上。

3 所有运行记录类档案应保存 2 年及以上。

第 31 章　管理流程

31.1　医用气体系统操作流程

31.1.1　氧气站操作管理流程

1　氧气站操作人员不得穿戴被油脂沾污的工作服和个人防护装备，不得穿着有静电效应的化纤服装，不得穿钉鞋。操作人员的服装若已被氧渗透，不得进入有明火的场所。必要时，必须更换衣服或在大气中停留至少 15 min。

2　进入密闭的医气汇流排间前，应提前察看站房外设置的氧浓度监测仪，确认氧浓度数值正常后方可进入，且要保证室内的进排风系统正常。

3　氧气站操作人员应在使用设备前，全面检查储罐、气化器、阀门、管道是否完好，各阀门应转动灵活，开度适当，无泄漏现象。

4　严禁带有油污的操作人员及工具接触氧气设备。

5　氧气阀门应缓慢开启，操作时人员应站在阀的侧面，禁止非调节阀门作调节使用。

6　液氧气化装置严禁采用明火或电加热气化。

7　氧气设备、管道冻结时，严禁使用火烤或用工具敲击冻块；氧气阀门或管道应用不超过 40℃ 温水融化。

8　真空管道安全阀应定期校验，真空管道及真空软管出现大面积结霜时，不宜继续使用。

9　低温液体相关操作人员应采取可靠防护措施（如防冻手套、面罩、护目镜等），避免被液氧等低温液体冻伤。

31.1.2　医用气体系统设备操作管理流程

1　作业前准备安全流程

1）检查各部分螺栓、螺母有无松动现象。

2）皮带松紧是否适度。

3）管路是否正常。

4）润滑油液位是否适当。

5）电线及电器开关是否合规，接线是否正确。

6）电源电压是否正确。

7）压缩机皮带轮是否可轻易用手转动（检查时须停机确保安全）。

8）检查所有的阀是否均处于合适的位置及正确的启闭状态。

9）检查系统并除去其内的外来异物。

10）打开并再次关闭储气罐下部的排污阀。

11）系统设备检修后重新启动时，应除去所有为安全维护安装的维修附件及维修用标识牌。

2 作业过程安全操作流程

维修配电时应精力集中，时刻注意维修进程，操作应符合以下安全要求：

1）检查运转方向是否和皮带防护罩上箭头指示相同。若不相同，应关掉电源后通知相关人员维修。

2）启动后约 3 min 没有异响，则将阀门关闭，使储气罐中的压力逐渐升高至预定的压力。达到设定压力后，压力开关自动切断电源，电机停止运转。

31.1.3 钢瓶的更换操作流程制度

1 汇流排上钢瓶更换步骤

1）操作钢瓶前应确保手上清洁、无油并穿戴合适的防护用品。

2）检查钢瓶上阀门、连接部件是否损坏，如有损坏，应立即停止使用并通知主管负责人或供应商。

3）检查钢瓶气体标识是否正确，是否超过有效期，如发现异常，应立即停止使用并通知主管负责人或供应商。

4）移除出气口密封盖。

5）依次把空瓶从汇流排上断开并立即更换新钢瓶，连接钢瓶时应注意不要过分用力，连接过程中严禁使用油脂润滑密封件。

6）缓慢打开钢瓶阀门直至完全打开，然后反向旋转阀门 1/4 周。

7）检查汇流排与钢瓶阀门之间是否有泄漏声音，如有必要，可采用测漏液体检查（检查后应清洁干净)。

8）更换完毕后应检查进气压力、汇流排出气压力是否正常，并记录留档。

9）损坏钢瓶应立即搬离汇流排站房，并在钢瓶上贴上故障内容标识。

10）应急备用汇流排上的钢瓶可在保质期内更换至主供气汇流排。

2　医疗设备上钢瓶更换步骤

1）操作钢瓶前应确保手上清洁、无油并穿戴合适的防护用品。

2）检查钢瓶上阀门、连接部件是否损坏，如有损坏，应立即停止使用并通知主管负责人或供应商。

3）检查钢瓶气体标识是否正确，是否超过有效期，如发现异常，应立即停止使用并通知主管负责人或供应商。

4）移除出气口密封盖。

5）把空瓶从汇流排上断开并立即更换新钢瓶，连接钢瓶时应注意不要过分用力，连接过程中绝对禁止使用油脂润滑密封件。

6）打开阀门前设备上流量控制阀门应处于关闭状态，如是二级减压阀组，应完全关闭出气口侧阀门。

7）缓慢打开钢瓶阀门直至完全打开，然后反向旋转阀门 1/4 周。

8）可使用检漏液检查泄漏，也可通过关闭钢瓶阀门观察高压表指针是否下降，观察是否有泄漏。

3　如发现泄漏，应采取如下措施：

1）先拧紧连接螺母，关闭钢瓶阀门，排空残留在医疗设备内的气体。

2）打开阀门，按上述步骤检查是否还有漏气。

3）如还有泄漏，则关闭阀门，排空残留医疗设备内的气体，把钢瓶从医疗设备上断开。

4）更换连接处的密封件，再按上述步骤连接至设备上检查泄漏，如仍有泄漏，应通知医疗设备供应商检查维修设备。

5）如泄漏发生在阀门与钢瓶之间，应立即通知钢瓶供应商。

6）损坏钢瓶应立即搬离设备区域，并在钢瓶上贴上故障内容标识。

7）缓慢调节减压阀或流量控制阀至设置要求。

8）缓慢调节设备上的流量控制阀至使用要求。

4　钢瓶断开操作步骤

1）关闭钢瓶阀门，打开设备上流量控制阀门数秒钟，排空残留设备内的气体，如是汇流排，钢瓶连接管内的残留气体会在拧松钢瓶连接头时排空。

2）关闭设备上的控制阀门。

3）使用工具把钢瓶从设备或连接管上断开。

4）换下的钢瓶阀门不得打开或处于打开状态。

5）钢瓶应尽快搬运至空瓶库房内，并贴上空瓶标识。

5 损坏钢瓶的处理

1）应通知供应商更换钢瓶并提供合适的信息。

2）钢瓶应有损坏标识，并单独存放。

3）应做好记录，当更换钢瓶交付时，应同时将记录文档复印件交给供应商。

4）供应商应提交调查报告并留档。

6 钢瓶的采购及周转管理

1）维管人员应根据用气要求制定详细、合理的采购流程。

2）采购订单或合同应明确钢瓶内气体为医用气体。

3）采购及库存数量应合理且满足医院用气要求，并与供应商制定合理的自动补货制度及流程。

4）空瓶数量不得超过库存钢瓶的数量。

5）钢瓶的使用、退还或空瓶的退还应有书面记录。

6）钢瓶退还入库前应检查有无泄漏并确保阀门关闭。

31.1.4 终端管道操作流程制度

1 供氧管网应建立完善的安全管理制度，禁止随意增设氧气用户或用点。

2 应根据本单位医用气体系统维修的需要，储备足够的备品备件和应急物资。

3 医用气体系统维修应设置专用维修工具，一切与氧气接触的部件应严格禁油；并且应至少每周对医用气体工具进行1次消油脂、清洁消毒。

4 医用气体系统维修人员进入病房检修或接触患者周围环境及物品后，应按照感控要求进行手卫生消毒等。

5 开启和关闭氧气阀门应按规定程序操作，手动氧气阀门应缓慢开启，操作时人员应站在阀的侧面。

6 氧气快速切断阀不宜快开，禁止非调节阀门作调节使用。

7　应根据本单位医用气体的实际情况，每季度至少对医用气体管道、医用气体终端进行 1 次检查，检查包括外观、压力、机械结构，有无漏气现象等。

8　应每年对医用气体管道系统上的减压装置进行至少 1 次检查，检查外观、压力表、机械机构、有无漏气现象等，并对减压器前的过滤器进行检查清理。

9　作业前准备安全流程

1）检查设备各部位是否完好，各阀门是否处于正常状态。

2）查看巡查记录，是否有异常情况，是否已经排查。

3）查看周边作业环境有无异常情况，包括设备照明是否完好有效、设备及工具箱表面是否放置工具杂物等。

4）对设备进行各项作业前的准备工作时，不得提前开机作业。

10　作业过程安全操作流程

1）管道维修时，时刻注意维修进程，操作应符合安全要求。

2）维修时应提前将总阀门关闭，并悬挂警示牌，再进行检查维修。

3）待管道完全泄压后再进行维修，接触高温部件时必须佩戴相应耐高温手套，防止烫伤。

4）焊接管道时应按照焊接器材的使用规定使用焊具，防止火灾和爆炸的风险。

5）操作过程中，发现设备有严重泄漏情况，应立即进行应急处置，并立即向上级领导汇报。

11　作业完成后安全要求：

1）恢复各阀门原有启闭状态。

2）作业完成后，整理工具及物件，清扫周边地面，填写记录，对异常情况等进行详细记录。

31.1.5　压力容器安全管理流程

1　作业前准备安全流程

1）检查设备各部位是否完好，各阀门是否处于正常状态。

2）查看前一班次的交接班记录，是否有设备异常情况，是否已经排查。

3）查看周边作业环境有无异常情况，包括电气箱柜及其线路是否完好，柜门是否关闭，设备站立的脚踏板是否完好，设备照明是否完好有效，设备及工具箱表面是否放置工具杂物等。

4）对设备进行各项作业前的准备工作时，不得提前开机作业。

2 作业过程安全操作流程

1）维修时应提前将电源切断，关闭总阀门，并悬挂警示牌，再进行检查维修。

2）待设备恢复常温并泄压后再进行拆解，接触部件时必须佩戴相应耐低温手套，防止冻伤。

3）焊接管道时应按照焊接器材的使用规定使用焊具，防止火灾和爆炸的风险。

4）操作过程中，发现设备有异响或超温超压情况，应立即关闭设备，进行应急处置，并立即向上级主管负责人汇报。

31.2 其他运维管理流程

31.2.1 设备应急管理流程

1 值班人员应立即向主管科室、安全生产负责人（分管院领导）汇报情况，并及时通知医务部门说明情况。

2 找出泄漏点，避免事故区域产生明火，加强事故点自然通风，禁止无关人员进入事故区域。

3 获得医护人员允许后，迅速关闭事故支路阀门，同时为受停气影响的区域运送氧气瓶以供患者使用，同时注意钢瓶的库存和补充，并立即组织专业技术人员进行维修。

4 抢修完毕，待供气稳定后及时通知主管科室、安全生产负责人（分管院领导）、医务主管部门等相关部门，告知事故抢修完毕。

5 及时回收氧气钢瓶。

6 发生机械伤害时，应立即进行包扎止血等处理，防止感染；严重的，应立即到急诊处置。

7 发生漏电时，应立即关闭设备配电柜电源。如发生人员触电，不得用肢体接触触电者，应首先关闭电源；来不及关闭时，应使用绝缘物体将带电物挑开。

8 周边发生火灾时，应立即停机断电，使用灭火器进行灭火，处置无效时，立即撤离现场。

31.2.2 人员应急管理流程

1 发生机械伤害时，应立即进行包扎止血等处理，防止感染；严重的应立即前往急诊处置。

2　发生中毒时，应立即开窗或开启室内通风设备，稀释室内有毒气体浓度，并将中毒人员送至急诊。

3　发生设备漏电时，应立即关闭设备配电柜电源；如发生人员触电，不得用肢体接触触电者，首先应关闭电源，来不及关闭时，应使用绝缘物体将带电物挑开。

31.2.3　施工维修管理流程

1　严格执行动火制度，每次动火前应办理《动火许可证》。在设备、管道上动火时，氧气含量必须控制在 23%以下。

2　医用气体系统维修应采用维修工作令备案制度。

3　氧气管道在安装、检修后或长期停用后再投入使用前，应将管内残留的水分、铁屑、杂物等用无油干燥空气或氮气吹扫干净，直至无铁锈、尘埃及其他杂物为止。严禁用氧气吹扫管道。

4　施工、维修后的氧气管系统，若设有过滤器，送氧前应确认氧气过滤器内清洁无杂物，氧气过滤器应定期清洗。

5　氧气管道的连接应采用焊接，但与设备、阀门连接处可采用法兰或螺纹连接。螺纹连接处，应采用聚四氟乙烯薄膜作为填料，严禁用涂铅红的麻、棉丝或其他含油脂的材料。

6　氧气管道、阀门等与氧气接触的一切部件，安装前、检修后必须进行严格的除锈、脱脂处理。

7　氧气管道安装后应进行压力及泄漏性试验，试验要求应符合以下规定：

1）氧气管道的压力试验介质应用洁净水或无油、干燥的空气、氮气，严禁使用氧气作为试验介质，当使用氮气作为试验介质时，应注意安全，防止发生窒息事故。

2）设计压力大于 4.0 MPa 时，氧气管道禁止用气体做压力试验，氧气管道水压试验后，应及时进行干燥处理。

3）管道做压力试验时，水压试验压力等于 1.5 倍设计压力，埋地管道且不得低于 0.4 MPa，气压试验压力等于 1.15 倍设计压力，且不小于 0.1 MPa，试验的方法和要求按《工业金属管道工程施工及验收规范》GB 50235 的规定进行。

4）氧气管道压力试验合格后应进行泄漏性试验，试验用介质应是无油、干燥、洁净的空气或氮气，试验压力等于管道设计压力，管道内气体压力达到设计压力后保持 24 h，室内及地沟管道平均小时泄漏率应不超过 0.25%，室外管道应以不超过 0.5%为合格。

31.2.4 应急处置管理流程

1 一般要求

1）应根据本单位实际需求，储备足够的维修配件及应急物资，宜配备一定数量可用气瓶及可以直接为末端设备供气的转换装置。

2）应急气源的设置应符合《医用气体工程技术规范》GB 50751 及安全运行要求，储备可维持生命支持区域 4 h 以上用气量的气体。

3）与医用气体相关运维承包商、供应商签订合同时应约定应急服务内容及响应时间，要求供应商提供应急服务。

4）应急事件处理完毕后，应对其进行后续评估，并立即采取适当措施以防止类似事件再次发生。

2 应急预案

1）应结合本单位医用气体系统和设备设施特点，制定医用气体应急预案，应急预案应涵盖医用气体管道终端漏气、失压、进水、低温储罐泄漏、设备故障、停电、停水和消防安全等情况。

2）应急预案应包含以下内容：

（1）应急处置基本原则。

（2）应急组织体系、构成单位或人员，并以结构图的形式表示，信息报告程序、联系方式及报告内容。

（3）应急处置流程，生命支持区域保障措施。

（4）应急物资的储备数量和存放地点。

3）应急预案应至少每半年演练 1 次，详细记录演练过程，并对应急演练效果进行评估，形成应急演练记录及评估报告，发现问题应及时改进。

4）应急演练及评估报告应包含下列内容：

（1）演练目标、时间、地点、参与人员。

（2）演练过程描述及演练照片。

（3）演练效果评价、演练存在的问题及改进措施。

引用标准

1　国内主要执行标准

<1>　气体品质标准

《中华人民共和国药典》

《医用气体工程技术规范》GB 50751—2012

《富氧空气(93%氧)》WS1-XG-008-2012

《医用及航空呼吸用氧》GB/T 8982—2009

《用于医用气体管道系统的氧气浓缩器供气系统》YY 1468—2016

<2>　工程建设设计标准

《医用气体工程技术规范》GB 50751—2012

《建筑设计防火规范》GB 50016—2014

《氧气站设计规范》GB 50030—2013

《压缩空气站设计规范》GB 50029—2014

《医用中心吸引系统通用技术条件》YY/T 0186—1994

《医用中心供氧系统通用技术条件》YY/T 0187—1994

《医院洁净手术部建筑技术规范》GB 50333—2013

《综合医院建筑设计标准》GB 51039—2024

《新型冠状病毒感染的肺炎传染病应急医疗设施设计标准》T/CECS 661—2020

《传染病医院建筑设计规范》GB 50849—2014

《医用电气设备　第1部分:基本安全和基本性能的通用要求》GB 9706.1—2020

《医用气体和真空用无缝铜管》YS/T 650—2020

《医用空气加压氧舱》GB/T 12130—2005

《氧舱》GB/T 12130—2020

《氧舱安全技术监察规程》TSG 24—2015

《空气分离设备用氧气管道　技术条件》JB/T 5902—2015

《医疗机构水污染物排放标准》GB 18466—2005

《医用气体管道系统终端　第 1 部分:用于压缩医用气体和真空的终端》YY 0801.1—2010

《医用气体管道系统终端　第 2 部分:用于麻醉气体净化系统的终端》YY 0801.2—2010

《医用气体低压软管组件》YY/T 0799—2010

《牙科学　中央抽吸源设备》YY/T 0629—2021

《牙科学　中央压缩空气源设备》YY/T 0905—2023

《固定式压力容器安全技术监察规程》TSG 21—2016

《工业金属管道设计规范》GB 50316

《压力管道安全技术监察规程——工业管道》TSG D0001—2009

《建筑机电工程抗震设计规范》GB 50981—2014

《脱脂工程施工及验收规范》HG 20202—2014

<3>　运行管理标准

《医院医用气体系统运行管理》WS 435—2013

《气瓶安全技术规程》TSG 23—2021

《特种设备生产和充装单位许可规则》TSG 07—2019

《气瓶颜色标志》GB/T 7144—2016

《压力容器》GB 150—2011

《固定式压力容器安全技术监察规程》TSG 21—2016

《压力管道安全技术监察规程——工业管道》TSG D0001—2009

2　国际参考标准

NFPA 99-2024 Health Care Facilities Code,美国防火协会《卫生保健设施》

NFPA Medical Gas and Vacuum Systems Handbook 2024 ed.,美国防火协会《医用气

体和真空系统设计指南》

Health Technical Memorandum 02-01：Medical gas pipeline systems PART A,英国卫生健康备忘录《医用气体管道系统》

ISO 7396-1：2016 Medical gas pipeline systems — Part 1：Pipeline systems for compressed medical gases and vacuum,《医用压缩气体和吸引的管路系统》

ISO 7396-2：2007 Medical gas pipeline systems — Part2：Anaesthetic gas scavenging disposal systems,《麻醉废气排放系统》

ISO 10083 Oxygen concentrator supply systems for use with medical gas pipeline systems,《用于医用气体管道系统的氧气浓缩器供气系统》

ISO 9170-1:2017 Terminal units for medical gas pipeline systems — Part 1：Terminal units for use with compressed medical gases and vacuum,《医用压缩气体和吸引的终端》

ISO 9170-2:2008 Terminal units for medical gas pipeline systems — Part 2：Terminal units for anaesthetic gas scavenging systems,《麻醉废气排放系统的终端》

ISO 5359:2014 Low-pressure hose assemblies for use with medical gases,《医用气体低压软管组件》

ISO 10524-1:2018 Pressure regulators for use with medical gases — Part 1：Pressure regulators and pressure regulators with flow-metering devices,《压力调节器和带流量表的压力调节器》

ISO 10524-2:2018 Pressure regulators for use with medical gases — Part 2：Manifold and line pressure regulators,《汇流排和管网的压力调节器》

ISO 10524-3:2019 Pressure regulators for use with medical gases — Part 3：Pressure regulators itegrated with cylinder valves,《气体钢瓶阀门的压力调节器》

ISO 10524-4：2008 Pressure regulators for use with medical gases — Part 4：Low-pressure regulators,《低压调节器 》

ISO 11197:2019 Medical supply units,《医用供应装置》

ISO 21969:2009 High-pressure flexible connections for use with medical gas systems,《用于医用气体管道系统的高压柔性连接件》

ISO 15001：2010 Anaesthetic and respiratory equipment — Compatibility with oxygen,《麻醉和呼吸设备与氧气的兼容性》

ISO 15002:2023 Flow-metering devices for connection to terminal units of medical gas pipeline systems,《连接医用气体管道系统终端的流量计装置》

ISO 18777: 2005 Transportable liquid oxygen systems for medical use-Particular requirements

ISO 19054:2005 Rail systems for supporting medical equipment,《支持医用设备的轨道系统》

ISO 14971: 2019 Medical devices — Application of risk management to medical devices,《医用设备风险管理的运用》

IEC 60601-1:2024 Medical electrical equipment — Part1: General requirements for basic safety and essential performance,《医用电气设备 第 1 部分:安全通用要求》

EN 13348 Copper and copper alloys. Seamless, round copper tubes for medical gases or vacuum,《医用气体和吸引所使用的无缝连接的铜管》